高职院校数字化专业群适应性设计与实践

——以重庆电讯职业学院数字化专业群的创新实践为例

王玉云　王永斌　著

西南交通大学出版社
·成　都·

图书在版编目（CIP）数据

高职院校数字化专业群适应性设计与实践：以重庆电讯职业学院数字化专业群的创新实践为例 / 王玉云，王永斌著. -- 成都：西南交通大学出版社，2023.12

ISBN 978-7-5643-9641-1

Ⅰ. ①高… Ⅱ. ①王… ②王… Ⅲ. ①重庆电讯职业学院 - 数字化 - 教学研究 Ⅳ. ①TP3

中国国家版本馆 CIP 数据核字（2023）第 247437 号

Gaozhi Yuanxiao Shuzihua Zhuanyequn Shiyingxing Sheji yu Shijian
——yi Chongqing Dianxun Zhiye Xueyuan Shuzihua Zhuanyequn de Chuangxin Shijian Weili

高职院校数字化专业群适应性设计与实践
——以重庆电讯职业学院数字化专业群的创新实践为例

王玉云　王永斌　著

责任编辑　杨　倩
封面设计　原谋书装
出版发行　西南交通大学出版社
（四川省成都市金牛区二环路北一段 111 号
西南交通大学创新大厦 21 楼）
营销部电话　028-87600564　028-87600533
邮政编码　610031
网　　址　http://www.xnjdcbs.com
印　　刷　成都蜀通印务有限责任公司
成品尺寸　170 mm × 230 mm
印　　张　16.75
字　　数　246 千
版　　次　2023 年 12 月第 1 版
印　　次　2023 年 12 月第 1 次
书　　号　ISBN 978-7-5643-9641-1
定　　价　68.00 元

前言 Preface

本书是重庆电讯职业学院课题组所承担的重庆市教委重大课题“高质量对标成渝军工数字化转型的专业群适应性设计研究”（Z211020）的研究成果。该课题基于成渝地区在军工行业的技术积淀和人才积累，契合成渝地区双城经济圈建设，聚焦实体经济尤其是军工企业转型升级的国家需求，深度探讨了成渝地区军工企业数字化转型急需加快数字化人才培养的核心问题。

本书系统梳理了重庆电讯职业学院军工数字化专业群适应性设计的理论基础和关键问题，为数字化专业群适应性设计方案构建、数字化专业群适应性教学设计、数字化专业群动态监测机制提供了一套完整的理论框架和实践方案，对高职院校数字化专业群建设具有重要的借鉴意义。

全书共分为六个章节。第一章是绪论，主要介绍研究的背景、内容与方法，以及研究的局限与未来方向。第二章对高职院校专业群适应性设计的理论背景进行审视，从多学科的理论视角出发，构建了专业群适应性设计的理论框架，讨论了高职院校专业群适应性设计的几个关键问题，并分析了专业群适应性设计对学生就业竞争力的影响机制。第三章是成渝地区军工数字化专业群适应性设计的需求分析，包括该地区军工企业的数字化转型趋势与人才需求分析，以及一线数字工匠的人才培养规格分析。第四章介绍了重庆电讯职业学院军工数字化专业群适应性建设方案，包括整体建设方案、教学资源与师资队伍适应性建设方案以及共核课程体系建设方案。第五章聚焦重庆电讯职业学院军工数字化专业群适应性教学设计，包括工作场景、工作流程和工作方法的分解及融入教学内容的整体设计。第六章探索了重庆电讯职业学院军工数字化专业群动态监测机制和专业群适应性设计效果的评价指标体系。

本书基于 2021 年立项的“高质量对标成渝军工数字化转型的专业群适应性设计研究”项目，旨在探讨军工数字化专业群建设路径。由于军工行业的特殊性，数据获取受限，书中所使用的数据主要来源于项目开展期间（2022 年及以前）的调研和公开资料。尽管部分数据并非最新数据，但考虑到军工行业数字化转型是一个长期过程，短期内数据波动较小，且本书侧重于专业群建设的整体框架和长远规划，而非具体数据的短期变化，我们认为，这些数据依然能够有效支撑研究结论，并为高职院校军工数字化专业群建设提供有价值的参考。未来，我们将持续关注行业发展动态，并努力获取最新数据，以期对相关研究进行更加深入的探讨。

本书的出版离不开所有为研究提供建议和意见的专家，配合课题调研的众多企业人力专员、生产一线班组长，以及重庆电讯职业学院领导、教师和校友的支持，在此一并表示感谢。追求完美是我们的一贯信念和追求。虽然受限于作者的学识与水平，本书的系统性和针对性还有待提升，但我们希望通过不懈的努力，不断增强高职院校服务经济社会发展的能力，培育高职院校专业群建设的新模式，为高职院校毕业生的职业发展赋能。

作　者

2023 年 10 月

目 录 Contents

1

PART ONE

绪　论

1.1 研究背景

1.1.1 国防科技工业助推成渝地区双城经济圈建设

由于成渝地区在辐射、带动长江上游以及西部大开发等方面具有关键区位优势和产业基础优势，在成渝地区双城经济圈的区域联动战略大背景下，成渝两地都高度重视新兴战略产业的培育和联动发展，目前正联合推进“产业一条链”和“科学创新一座城”，协同发展六大产业集群。其中，电子信息和装备制造瞄准的是世界级的两大产业集群，这也是成渝地区国防军工基础扎实雄厚的两个产业。

经过“一五”“二五”，特别是三线建设，以成渝地区为代表的西部地区成了国防科技工业集聚地区。“西部地区集中了全国 1/3 的国防科技产业、2/5 的国防科研院所、1/2 的军工固定资产、2/3 的军工人员”①。以重庆为例，数据显示，截至 2018 年 5 月，重庆拥有军工企事业单位近 130 家，其中军工央企在渝单位近 40 家。2017 年，重庆国防科技工业总产值完成 2898 亿元，占全市规模以上工业总产值的 11.2%，成为重庆工业经济重要支柱和产业发展重要引擎。②

① 王凤丽. 川陕渝国防工业军民融合发展路径的思考[J]. 宝鸡文理学院学报(社会科学版)，2019，36（3）：26-29，43.

② 北斗技术为重庆高质量发展“导航”[EB/OL].（2018-05-15）[2023-10-09]. http://m.xinhuanet.com/cq/2018-05/15/c_1122836768.htm.

随着数字经济的高速发展，国防科技工业建设与应用已逐步迈入“软件定义、数据驱动”的数字化转型阶段。军工行业正在由劳动密集型产业向资本密集型产业、技术密集型产业过渡，数字化将催生出装备编程、操作、维护，机器人安装、调试、维护，工业数据采集，边缘设备接入，智能系统开发与维护等一系列新岗位。

1.1.2 重庆市高职院校专业布局现状

根据《重庆市高等职业教育质量年度报告（2020）》，重庆市高职院校有专业点 1 494 个，涵盖 19 个专业大类、80 个专业类别、390 种专业。其中，国家级骨干专业点 68 个，占比约 5%；市级骨干专业点 150 个，占比约 10%。

在专业大类分布中，专业点数量排名靠前的专业类别直接对接重庆市重点产业；开设专业数量排名前 10 的专业类别分别是计算机类、艺术设计类、自动化类、电子信息类、汽车制造类、财务会计类、建筑设计类、旅游类、建设工程管理类、机械设计制造类（见图 1-1）。

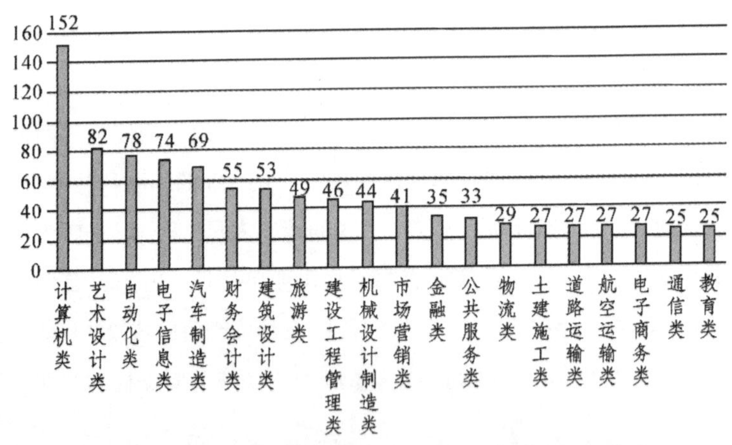

图 1-1　开设专业数量排名前 20 的专业类别（2020 年）

在专业布点中，开设院校数在 20 所以上的专业有大数据技术与应用、会计、市场营销、工程造价、新能源汽车技术、物联网应用技术、电子商务、旅游管理、环境艺术设计、机电一体化技术（见图 1-2）。

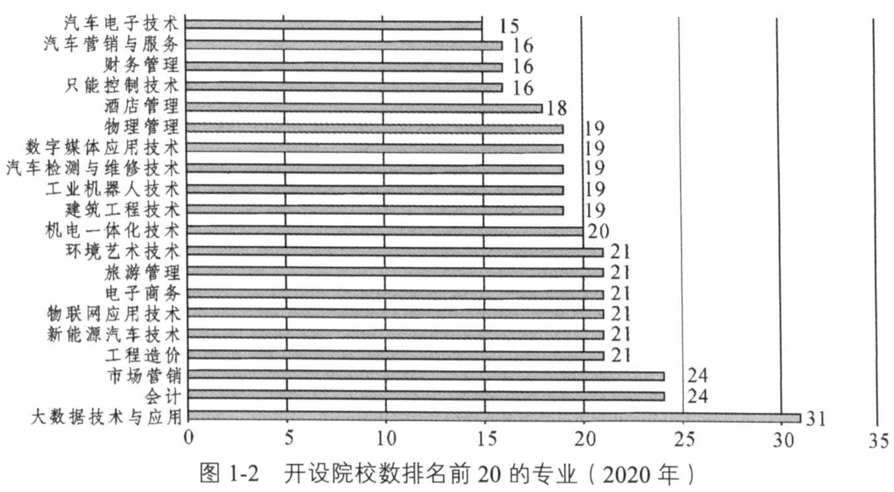

图 1-2 开设院校数排名前 20 的专业（2020 年）

在 68 个国家级骨干专业中，装备制造类有 18 个，电子信息类有 13 个（见表 1-1），分别占比 26.47%和 19.12%。在“双高”专业中，装备制造类和电子信息类专业共占了 7 个，占比 58.33%。数据表明，重庆市高职院校专业布局进一步向新一代信息技术、新能源及智能网联汽车、高端装备、新材料、生物技术、节能环保等六大战略性新兴产业聚集，基本契合区域产业经济发展。

表 1-1 重庆市高职院校专业布局与产业对接表（2020 年）

专业大类名称	国家级骨干专业总数/个	“双高”专业立项总数/个	对接产业类型
农林牧渔	3	1	畜牧兽医、动物防疫与检疫、园艺技术、农产品加工与质量检测
资源环境与安全	3	—	环境监测、环境治理
能源动力与材料	3	1	新材料、新能源
土木建筑	4	—	建筑、房地产
水利	1	—	智能水务管理、水利水电工程技术

续表

专业大类名称	国家级骨干专业总数/个	“双高”专业立项总数/个	对接产业类型
装备制造	18	4	模具、机械、自动化
生物与化工	4	—	生物信息技术、食品/药品/农业生物技术、精细化工、应用化工
轻工纺织	—	—	服装设计与工艺、纺织材料与应用、纺织机电技术
食品药品与粮食	2	—	食品营养与检测、药品经营与管理
交通运输	1	—	港口运输、公路运输、城市轨道
电子信息	13	3	计算机技术、通信技术、互联网
医药卫生	7	2	医学技术、药学、护理
财经商贸	4	—	工商管理、市场营销、财政金融
旅游	—	—	旅游管理、酒店管理、导游
文化艺术	2	—	文化创意、服装设计
新闻传播	—	—	新闻出版、广播影视
教育与体育	2	—	国际商务、文秘、学前教育
公安与司法	—	—	法律事务
公共管理与服务	1	1	行政管理、社区管理

综合以上数据，重庆高等职业教育在装备制造类专业和电子信息类专业的密集布点，能够为代表重庆特色产业和新兴优势产业的军工企业的数字化转型提供有力的人才和技术支撑，助推重庆“军工”特色品牌专业集群的打造。重庆高职专业群与军工行业对接情况如表 1-2 所示。

表 1-2 重庆高职专业群与军工行业对接情况表（2020 年）

军工行业大类名称	对应的高职专业大类名称	重庆高职专业群总数/个	国家级骨干专业数/个
兵器	装备制造	37	18
船舶			
航天航空			
机械			
电子	电子信息	30	13
冶金化工	生物与化工	4	4
环保	资源环境与安全	6	3
纺织	轻工纺织	4	—
新能源	能源动力与材料	2	3

但是，专业群是一个有机的整体，不是各个专业的机械组合或简单相加，而是对现有专业的解构与重构，而且是在一个动态变化的产业环境中不断地解构与重构。因此，为了使专业群的整体功能大于部分之和，提高产教双方从专业群建设中获益的可能性，降低试错成本并增大成功匹配的把握度，专业群设计时的适应性测算与评估就成了体现职业教育类型特征最重要、最迫在眉睫的任务。

1.1.3 研究意义

1. 重要性：以质量求生存

“增强职业技术教育适应性”是当前职业教育研究的一个热词，最早出现于《中共中央关于制定国民经济和社会发展第十四个五年规划和二〇三五年远景目标的建议》。2021 年，习近平总书记对职业教育工作作出重要指示，强调，“增强职业教育适应性，加快构建现代职业教育体系，培养更多高素质技术技能人才、能工巧匠、大国工匠”[①]。政府随后出台的一系列支持职业教育发展的文件，特别强调高职院校必须紧跟时代潮流，提升适应性，以应对社会和经济的快速变化。

首先是市场需求变化。随着科技和产业的快速发展，市场对于具备新技能和新知识的专业人才的需求也在不断变化。高职院校必须及时调整教育内容和课程设置，以适应市场需求的变化。

其次是就业竞争压力。就业市场竞争激烈，高职院校必须提供适应市场需求的教育模式和培养方案，提供符合产业升级需求的实用技能和知识，才能培养出具备就业竞争力的毕业生，帮助学生顺利就业。

最后是学生选择意愿。学生在选择高职院校时，会更倾向于选择能够为他们提供实用技能和职业发展机会的学校。如果高职院校无法提供与职业市场需求相符的教育内容，学生选择其他学校的可能性会增加，从而给学校的生存带来挑战。

2. 必要性：以服务谋发展

军工企业在制造业、高新技术产业和战略性新兴产业中的地位十分重要，不仅推动了成渝两地相关产业技术水平和创新能力的提升，经济结构从传统的重工业向高新技术产业的转型升级，而且为当地提供了大量的就业机会和税收收入，是成渝两地经济的重要支柱。成渝地区军工企业的发展，对两地经济的高质量发展发挥了积极的促进作用。

除了为成渝两地的经济和社会发展作出巨大贡献以外，军工数字化也是当前军事领域的重要发展趋势，对于提升国防实力和军事技术水平具有重要意义。高职院校作为培养技术型人才的重要力量，可以通过设置军工数字化专业群，积极响应国家战略需求，为军工行业输送具备相关专业知识和技能的人才。

首先，设置军工数字化专业群展示了高职院校以服务为导向的发展战略。

---

① 习近平对职业教育作出重要指示强调 加快构建现代职业教育体系 培养更多高素质技术技能人才能工巧匠大国工匠[N]. 人民日报，2021-04-14（1）.

通过提供与军工数字化相关的专业课程和实践教学，高职院校能够满足军工行业对于高素质技能人才的需求，为军队现代化建设贡献力量。

其次，军工数字化专业群的设置体现了高职院校对产业需求的敏感性和适应能力。军工行业的数字化转型和技术创新需要一批掌握先进技术和工程知识的专业人才。高职院校通过设置军工数字化专业群，紧密结合行业需求，培养具备实际操作能力和技术应用能力的人才，为军工企业提供有力的人才支持。

最后，设置军工数字化专业群也能够为学生提供广阔的职业发展机会。军工行业作为国家重要的战略支撑产业，具有稳定的就业前景和良好的薪酬福利。通过设置军工数字化专业群，高职院校能够为学生提供与军工行业相关的实习和就业机会，帮助他们顺利就业并实现职业发展。

高职院校通过设置军工数字化专业群服务军工数字化转型，培育军工数字工匠，展示了以服务谋发展的战略选择；通过紧密结合国家战略需求、敏锐洞察产业需求以及为学生提供职业发展机会，实现自身的发展与壮大，并为军队现代化建设作出积极贡献。

3. 可行性：以特色创品牌

本书所依托学校（重庆电讯职业学院）是国家级国防教育特色院校。除了在国防与爱国主义教育、学生纪律性及团队合作和应对危机能力培养、紧密的组织结构和严格的考核与监督方面有军队特点以外，学校在电子信息领域也有长期积淀的国防科技优势和大量的军事通信领域优秀人才储备。学校骨干教师全部来自军队野战地域通信网、军队应急救灾短波通信网、陆军院校科研大数据系统主研成员，在大数据与信息方面有丰富的经验和丰硕的成果。学校一直跟踪军工企业发展方向和人才需求与技能的变化，与重庆的部分军工企业有长期、稳定的研发与实习、实训合作，能够保障院校快速响应军工企业数字化转型对应用型师资的需求。

以上特色的叠加，让课题依托学校（重庆电讯职业学院）有机会通过设立一系列与军工数字化相关的专业课程和实践教学项目，使教学内容与企业需求相契合，培养具备数字化技术应用能力和创新实践能力的军工数字工匠，形成与军工企业密切合作、共同服务于军队现代化建设的优势；通过精准对接军工企业的数字化转型，实现以特色创造品牌的目标。

1.2 研究内容与方法

1.2.1 研究内容

本书围绕高职院校服务成渝地区军工企业数字化转型过程中，专业群建设为什么要适应、适应谁、适应什么、怎么适应、适应效果如何这五个问题展开研究。

第一，分析高职院校发展的空间以及发展的途径，探讨提升适应性的重要性，为高职院校专业群的适应性研究提供背景分析（第 1 章）。

第二，在多个理论中寻找支点，借助多学科理论的视角、工具和方法审视高职院校专业群建设与区域经济、社会、文化系统的适应与发展，运用多学科交叉的分析视角，探究高职院校专业群适应性的复杂问题，回答为什么要适应的问题（第 2 章）。

第三，从区域经济发展重心和地方特色产业出发，分析成渝地区高职院校如何处理学校发展与区域产业转型升级之间的关系，着重探讨高职院校发展中找准适应对象与目标，回答适应谁的问题（第 3 章）。

第四，以重庆电讯职业学院为例，重点探讨军工数字化专业群适应军工企业数字化转型的主要内涵，即回答适应什么的问题，主要探讨专业群应该传授什么样的知识，培养学生什么样的能力、素质，以及以什么样的方式传授学生这些知识、培养这些能力和素质的问题，同时还讨论了专业群师资的知识与能力如何提升的问题（第 3 章、第 4 章）。

第五，基于重庆电讯职业学院的军工数字化专业群实践，展示如何从数字化工作场景、角色期待、工程流程等关键维度适应军工企业数字化转型的设计框架和落地路径，回答怎么适应的问题（第 5 章）。

第六，尝试从基准管理和评价指标两个维度对军工数字化专业群适应军工转型的建设效果进行评价，解决如何评价适应性设计效果的问题。既通过寻找和采纳最佳实践，看到学习和改进的现实路径，又通过构建三级结构的军工数字化专业群适应性评价指标体系，评价军工数字化专业群的适应性特征和秉性（第 6 章）。

1.2.2 研究方法

本书主要采用文献研究、田野调查和案例研究、问卷调查以及设计思维的方法开展相关研究。

1. 文献研究

本书主要借鉴潘懋元的教育关系规律理论，引用其关于教育作为社会的子系统，既受到社会系统及其子系统的制约，又要为其服务的相关理论，来说明社会分工推动职业教育发展，经济结构决定职业教育结构，技术进步制约职业教育内容，而职业教育通过技术技能人才的培养，促进社会技术进步和经济结构的转变。同时，本书引入经济学、生态学、系统科学，以及信息技术学等理论，以多种理论的视角、框架和工具来解释高职院校专业群与外界环境间的动态、主动适应的互动关系。文献研究的目的是完善研究设计，为后续的质性研究和量化研究设计工具，如调研方案、调查问卷、访谈提纲等。

2. 田野调查和基于田野调查的案例研究

笔者在重庆和四川实地调研军工企业和研究所共 10 家，涉及发动机制造、飞机制造、重型机械、电子设备、航天等领域。在田野调查中，针对地方高校转型的合法性和转型路径，笔者访谈了部分高校领导、职能处室、院系领导人、专业或学科带头人、骨干教师、在校生和毕业生代表，在实地调研的基础上重点选择了一些具有代表性和典型性的院校进行案例研究。

3. 问卷调查

笔者在2022年6月至7月先后组织了两次大规模的问卷调查，并对问卷调查资料进行了量化分析。两次调研对象均涉及军工企业人力专员、高职院校校级领导、教师、学生。对学生的调查主要涉及他们对地方高校组织的认知，对院校转型目标、方式和效果的认知。对教师的调查主要涉及他们对培养模式变革、校企合作、专业/学科发展、科研等方面的评价，以及对院校转型的认知。

4. 设计思维

设计思维是将设计师的思考方式和工作方法应用于各种领域的一种解决问题和创新的方法论，强调以人为中心，用跨学科合作和迭代循环的方式来解决复杂问题和设计新产品。如果说高职院校专业群适应性设计就像是设计师根据特定场景和需求来设计一座能够适应不同条件和使用者的桥梁，那么设计思维就是桥梁设计师的思维方式和方法。本书在军工数字化专业群的适应性设计研究阶段，依循设计思维的“理解—定义—思考—原型—测试—实施”六个步骤，通过深入理解军工行业企业和学生发展需求，思考创新的课程设计和教学方法，并通过原型和测试来验证和改进，打造更适应军工数字化领域发展的课程体系，构建培养具备解决问题和适应能力的高素质技能人才的培养方案。

1.3 研究局限与未来方向

1.3.1 研究局限

1. 研究成果的局限性

研究结果的可靠性和适用性可能受到样本规模的限制、数据收集的难度以及实验环境的局限性等因素的影响，可能导致研究成果在推广应用时存在一定的不确定性。

2. 结论的推广性

研究结果往往是基于特定环境和条件下的实证分析，无法完全适用于不同场景。因此，研究成果在更广泛范围内的适用性和可行性，需要得到进一步的实证研究和验证。

3. 团队能力和资源限制

受成员专业知识、经验和能力的限制，研究无法涵盖军工数字化领域的所有方面。此外，团队在研究推进过程中也面临资源有限的问题，包括军工企业的合作、资金、设备和实验室等方面的限制，这可能限制了研究的深度和广度。

这些局限需要通过提升研究方法的科学性和可靠性、扩大研究样本规模和数据收集的范围、加强团队的专业能力和合作能力、寻求外部资源支持等措施来突破。

1.3.2 未来研究方向

鉴于上述局限，未来的研究方向可以集中在以下几个方面：

1. 实证研究的扩展

未来的研究可以致力于扩大实证研究的规模和范围，以增加研究结果的可靠性和推广性。通过收集更多的数据、扩大样本规模和考虑多样化的实验环境，可以更全面地评估军工数字化专业群适应性设计方案的有效性和适用性。

2. 跨学科合作

与其他专业进行跨专业合作，如工程、计算机科学、人机交互等，可以进一步提高军工数字化研究的深度和广度。通过跨专业的合作，可以融合不同领域的专业知识和方法，推动军工数字化专业群的适应性设计研究在理论和实践层面的创新。

3. 资源整合与共享

解决资源限制的问题需要加强资源整合、构建共享机制。未来的研究可以通过积极寻求外部资源支持，与政府、企业和其他研究机构建立合作伙伴关系，共享设备、实验室和研究经费，提升研究的能力和水平。

4. 长期追踪研究

为了更好地评估军工数字化专业群适应性设计方案的长期效果，未来可以进行长期追踪研究。通过跟踪实施和应用过程中的反馈和评估，可以及时调整和改进设计方案，以确保其持续适应军工领域的变化和需求。

2

PART TWO

高职院校专业群适应性设计的理论审视

2.1 高职院校专业群适应性设计研究的多学科理论审视

“理论审视”是指对某个理论或观点进行深入的研究和分析，包括对理论的内在逻辑、应用的合理性以及可能存在的局限性进行审查。通过对高职院校专业群适应性设计的相关理论进行多种视角的审视，我们可以更全面地了解一个理论的有效性和实用性，从而为研究提供理论的基础和指导。理论审视不仅有助于确保研究问题的合理性和相关性，避免研究结果被误解，还能为研究结果的解释和应用提供必要的背景和依据，使研究者能够更准确地解释研究结果，并在实践中应用研究成果。

在研究中，我们把自己定义为建筑师。于是，进行研究的过程（军工数字化专业群适应性设计）就等同于设计一座新的建筑物的过程。在开始设计之前，我们需要进行理论审视，类似于在建筑设计中进行规划和概念开发。

首先，我们需要定义研究的问题和目标，就像明确建筑的目的和功能一样。我们需要考虑建筑物的用途、所需的功能和空间要求。这将决定我们在设计过程中的采取的策略和方法。

其次，我们需要进行广泛的研究和调查，寻找与研究问题相关的理论和最佳实践，就像研究不同的建筑风格、结构设计原理、可持续发展准则等一样。

再次，开始评估不同的理论框架和原则的适用性，就像考虑现代主义、后现代主义、生态主义等不同的理论框架，并评估它们对于实现研究目标和满足需求的适用性一样。同时，我们会评估不同理论的可靠性和有效性，就像研究已建成的建筑案例，了解它们是否成功地应用了某些设计理论，并评估这些理论是否得到了建筑界的广泛认可和赞同一样。

最后，确定合适的理论框架和基础，就像与客户和其他专家进行讨论和反馈后，选择合适的理论框架和基础，并确保建筑物在实现目标、满足需求和符合行业标准方面具有可靠性和科学性一样。

2.1.1 专业群适应性设计理论框架建构

高职院校专业群适应性设计的理论框架可以基于以下几个关键理论和概念进行构建：

1. 教育学理论

从教育与人的发展、教育与劳动的结合、教育与社会的发展三个视角出发，论述高职院校专业群适应性设计的人本基础、前提和现实意义。

2. 经济学理论

从经济学中的人力资本、共赢博弈的概念出发，分析高职院校专业群适应性设计的着力点和价值理性。

3. 生态学理论

从生态位、共生失衡、共生与协调、共生共荣四个概念出发，论证高职院校专业群适应性设计的时空维度、困境根源、生态基础，以及生态意义。

4. 文化学理论

将高职院校学生的学习文化和企业员工的企业文化作为两个不同的文化分类，从文化适应、文化整合、文化冲突的角度出发，论证高职院校专业群适应性设计的目标、方向和挑战。

5. 系统科学理论

从复杂适应、自组织与他组织、整体性原理、有序性原理以及持存性原理出发，论证高职院校专业群适应性设计基本表征、系统动力、整体适应性和可持续发展、有序性、稳定性。

2.1.2 教育学理论下的高职院校专业群适应性设计

1. 教育与人的发展

教育学理论关于教育与人的发展论述中①，有以下几个概念对于研究高职院校专业群的适应性设计具有启示意义：

1）个体差异

每个学生都是独特的个体，具有不同的能力、兴趣、学习风格和发展需求。在高职院校专业群适应性设计中，我们应充分考虑学生的个体差异，为他们提供多样化的学习和发展机会。这包括采取不同的教学方法和提供个性的资源，以满足学生不同的学习需求，并促进他们的个人成长和发展。

2）自主学习和发展

高职院校专业群适应性设计应该鼓励学生的自主学习和发展。这意味着学生在学习过程中应该具有一定的自主性和主动性，能够设定学习目标、制定学习计划，并积极参与学习活动。学校应为学生提供相应的支持和资源，培养学生的自主学习能力和自我管理能力，以帮助他们适应不断变化的职业环境。

3）社会情境的考虑

教育是在社会情境中进行的。高职院校专业群适应性设计应该充分考虑社会情境对学生发展的影响。这包括了解目标行业的需求和趋势，关注社会变革对职业发展的影响，并与行业人士建立联系，以提供与实际工作环境相符的教学内容和实践机会。通过与社会情境的对接，学生能够更好地理解并适应实际工作的需求和要求。

4）职业发展支持

高职院校专业群适应性设计应为学生提供包括职业咨询、职业规划课程、

① 潘懋元. 潘懋元文集（卷一 高等教育学讲座）[M]. 广州：广东高等教育出版社，2020：2-3.

实习指导、就业资源等在内的全面职业发展支持，帮助学生实现个人职业目标。学校应该以学生喜欢的形式帮助学生了解自己的兴趣、能力和价值观，并提供相关信息和资源，以协助他们做出明智的职业决策和规划，并在职业发展过程中提供支持和指导。

教育与人的发展的视角是高职院校专业群适应性设计的人本基础。通过关注学生的个体需求、提供学习自主性、关注社会情境和提供职业发展支持，高职院校能够更好地满足学生的需求，培养具备适应性和职业竞争力的人才。

2. 教育与劳动结合

高职院校专业群适应性设计的前提基础可以从教育与劳动结合的角度来论述。

1）劳动力市场需求

高职院校专业群适应性设计的前提是对劳动力市场需求的深入了解。学校需要密切关注目标行业的发展动态和人才需求，以调整和优化专业群的设置和课程内容。只有紧密对接劳动力市场，高职院校才能够培养出与实际工作需求相符的人才，提高就业竞争力。

2）行业合作伙伴关系

高职院校增强专业群适应性设计需要建立紧密的行业合作伙伴关系。与行业合作伙伴的密切合作可以帮助学校了解行业的最新趋势和技术发展，提供实践机会和行业导师支持，加强学生对实际工作环境的适应性。与此同时，通过与行业合作伙伴的合作和开展实践教育，学校还可以与企业共同开展课程设计、实训项目和实习计划，提高学生的职业素养和实际能力。

3）重视实践教育

高职院校专业群适应性设计的前提是注重实践教育。实践教育可以帮助学生将所学知识与实际工作紧密结合，提升他们的职业技能和解决问题的能力。通过实践教育，学生能够获得真实的工作经验、培养实际操作能力，并能更好地面对未来工作中的挑战和变化。

4）跨学科融合

高职院校专业群适应性设计需要实现跨学科融合。现代职业领域往往需要综合的知识和能力，而不仅仅是单一专业的技术。跨学科融合可以帮助学生习得广泛的技能和知识，提高他们的综合素养和适应性。学校可以通过跨学科的课程设置、项目学习和团队合作等方式，培养学生的综合能力和跨领域的思维。

教育与劳动的紧密结合是高职院校专业群适应性设计的前提基础。只有在这些前提基础的支持下，高职院校才可以更好地满足劳动力市场的需求，培养具备适应性和实践能力的专业人才。

3. 教育与社会发展

高职院校专业群适应性设计能够有效促进社会经济发展、解决就业难题、增加社会流动性与社会公平、满足终身学习需求，并促进社会创新与发展。这些方面的综合效应将为社会带来积极的影响，为个体和社会的可持续发展作出贡献。

1）促进社会经济发展

高职院校专业群适应性设计可以与社会经济发展相契合。通过了解和满足社会对人才的需求，高职院校能够培养具备实际技能和职业素养的毕业生，为社会经济发展提供有力支持。这有助于缩小人才供需的差距，提高劳动力市场的效率和竞争力。

2）解决就业难题

高职院校专业群适应性设计可以帮助学生更好地适应就业市场的需求。通过与行业合作伙伴的合作和开展实践教育，学生能够获得与实际工作相关的知识和技能，提高自身的就业能力和竞争力。这有助于解决就业难题，能够为学生提供更多的就业机会，同时满足社会对人才的需求。

3）增强社会流动性与社会公平

高职院校专业群适应性设计可以增强社会流动性并提升社会公平性。通过提供多样化的专业选择和灵活的学习路径，高职院校为不同背景和兴趣的学生提供了平等的学习机会。这有助于促进社会流动，提高社会公平性。

4）满足终身学习需求

高职院校专业群适应性设计可以满足人们终身学习的需求。在快速变化的社会和职业环境中，人们需要不断更新和提升自己的知识和技能。高职院校可以提供灵活的学习计划和持续的职业培训，使毕业生能够适应不断变化的工作需求，并实现终身学习的目标。

5）促进社会创新与发展

高职院校专业群适应性设计可以促进社会创新与发展。通过与行业合作伙伴的合作和开展实践教育，高职院校能够培养学生的创新思维和实践能力，激发他们的创新潜力。这有助于推动社会科技进步和产业升级，为社会创新与发展提供源源不断的人才支持。

2.1.3 经济学理论下的高职院校专业群适应性设计

1. 共赢博弈理论

共赢博弈理论强调各方通过合作与协调来实现互利共赢。在高职院校专业群适应性设计中，以下是体现其价值理性的几个方面：

1）学生发展与就业

高职院校专业群适应性设计为学生提供了与职业需求相匹配的专业和技能培训。通过与行业合作伙伴的紧密合作，学校能够了解行业的最新需求，为学生提供与实际工作相关的实践机会和培训资源。这使得学生能够更好地适应就业市场的变化，提高就业竞争力，实现个人发展。同时，学生的就业和职业发展也为学校树立了良好的口碑和品牌形象，形成良性循环。例如，某个高职院校与当地汽车制造企业合作，共同设计了汽车维修与保养专业的课程设置。学生在学习期间既接受理论知识的教学，同时也能参与企业的实际项目，获得实践经验。这种合作使学生能够获得与汽车维修行业紧密相关的技能，并且与企业建立联系，增加就业机会。

2）劳动力市场供需平衡

高职院校专业群适应性设计能够提供与劳动力市场需求相匹配的人才。通过了解行业发展趋势和技能要求，学校可以调整专业设置和课程内容，培养出能够满足实际工作需求的毕业生。这有助于缩小劳动力市场的供需差距，提高市场的运转效率。同时，行业也能获得合适的人才，从而提高生产力和竞争力。以人工智能（AI）领域为例，高职院校可以根据行业需求开设相关专业，如智能机器人技术专业，培养学生在机器人设计、编程和应用方面的技能，以满足人工智能行业对高素质技术人才的需求。而通过与AI企业的合作，学生能够接触到最新的技术，为劳动力市场提供具备专业知识和实践经验的人才。

3）社会经济发展

高职院校专业群适应性设计对社会经济发展具有积极影响。通过培养与实际需求相匹配的专业人才，学校为社会提供了具备实际技能和职业素养的劳动力。这有助于推动产业升级和技术创新，提高生产效率和质量，促进经济的可持续发展。同时，学生就业和职业发展也带动了个人收入水平的提高，增加了消费和投资，进一步促进了经济增长。比如，考虑到可再生能源行业的发展，高职院校可以创建太阳能技术专业群，包括太阳能发电系统设计、安装和维护等相关专业。学生得到与太阳能行业紧密相关的技术培训，为可再生能源的推广和应用作出贡献。这有助于推动社会经济的绿色转型，减少对传统能源的依赖，同时为学生提供就业和创业的机会。

4）学校声誉与合作伙伴关系

高职院校专业群适应性设计通过与行业合作伙伴的紧密合作，与其建立了良好的合作关系和互信基础。学校与行业合作伙伴在专业设置、课程设计、实践教育等方面进行合作，共同推动人才培养和行业发展。这不仅提升了学校的声誉和影响力，而且为学校和行业合作伙伴带来了共同的利益。例如，高职院校可以与酒店管理行业建立合作，共同设计酒店管理专业的课程和实践教育计划。学生有机会在实际的酒店运营环境中学习，并与行业专业人士进行交流和合作。这种合作关系有助于学校树立良好的声誉，并提供学生与行业相关的实践经验，增加就业机会。

另外，同一个专业群的不同专业之间也可以展现共赢博弈的概念。比如，数字经济专业群包括了数据分析、电子商务、互联网营销等专业。首先，数据分析专业的学生可以通过分析和解读大数据，提供有价值的商业洞察。电子商务专业的学生可以利用这些商业洞察开展产品开发和市场推广。互联网营销专业的学生可以运用各种数字渠道和工具，将产品推向目标受众。这些专业之间的合作形成了一个共赢的博弈态势。其次，专业群可以与企业和社会合作，实现共赢。数字经济专业群可以与企业合作开展实际项目，提供解决方案和创新思路。通过与企业的合作，专业群可以获得实践机会和行业经验，同时为企业提供人才和创新支持。这种合作关系是基于共赢的博弈，学校、学生和企业都能从中获益。

此外，专业群内部的合作和竞争也是共赢博弈的体现。不同专业之间可以相互竞争，激发创新和进步。例如，互联网营销专业的学生可以与电子商务专业的学生竞争同一个实习岗位，通过竞争激发彼此的进步。但是，这种竞争是在合作的基础上进行的，双方通过竞争能够提高自己的能力和竞争力，实现共赢。

2. 人力资本理论

人力资本理论强调教育和培训对于个体和社会经济发展的重要性，认为教育和培训是一种投资，可以提高个体的技能和知识水平，从而增加其在劳动力市场上的价值[①]。

1）职业技能培养

高职院校专业群适应性设计的一个着力点是培养学生的职业技能。通过与行业合作伙伴的合作，学校可以了解当前和未来的职业需求，并相应地调整专业设置和课程内容。例如，针对信息技术行业的需求，高职院校可以开设与软件开发、数据分析等相关的专业课程，培养学生相关技能。这样的专业群设计

① 刘志民．教育经济学[M]．北京：北京大学出版社，2007：221-224.

将有助于学生在毕业后迅速适应职场，并增加他们的就业机会。

2）实践教育和实习机会

人力资本理论强调实践经验对于技能发展和就业的重要性。因此，高职院校专业群适应性设计应该注重提供实践教育和实习机会。通过与行业合作伙伴建立联系，学校可以安排学生参与企业项目、实习或实训，使他们能够在真实的工作环境中应用所学知识和技能。这种实践经验有助于学生将理论知识转化为实际操作能力，并提高他们在劳动力市场上的竞争力。

3）软技能培养

人力资本理论认为，除了专业技能外，软技能（如沟通能力、团队合作、问题解决能力等）对于个人职业发展同样重要。因此，高职院校专业群适应性设计应注重培养学生的软技能。例如，通过课程设置、项目合作和实践教育，学生可以有机会培养有效的沟通能力、领导能力和跨文化合作能力，这些技能在职场中都非常重要。

4）职业规划和就业指导

高职院校专业群适应性设计应该包括职业规划和就业指导的支持。学校可以提供职业咨询、就业技能培训和实用就业指导，帮助学生了解就业市场的需求和趋势，并帮助他们制定职业规划和就业策略。这样的支持将使学生更好地准备就业，并提高他们在职场中的成功率。

比如，对接军工企业数字化转型的智能制造专业群应包括机械设计与制造、自动化工程技术、工业机器人技术等专业。在这个专业群中，人力资本的概念体现在培养具备高级技术和创新能力的人才上。学校通过提供专业知识、技能培训和实践机会，帮助学生掌握先进的制造技术和智能化生产的理念。学生通过学习和实践，积累了相关领域的知识和技能，成为具备人力资本的人才。

人力资本的概念还体现在学生的创新能力和问题解决能力上。学校鼓励学生参与科研项目和创新实践，培养他们的创新思维和实践能力。例如，学生可以参与工业机器人的研发和应用，提出改进方案和解决方案，进一步提高自己的创新能力和解决问题的能力。

此外，人力资本的概念还体现在学生的终身学习和职业发展上。智能制造领域的技术和知识在不断发展和演变，要求人才具备持续学习和适应变化的能力。学校可以开展继续教育和职业培训，帮助学生不断更新知识和技能。学生也需要积极开展职业发展规划，进行自我提升，不断提高自己的竞争力和适应能力。

2.1.4 生态学理论下的高职院校专业群适应性设计

1. 共生与协同

共生与协同强调不同组织或个体之间相互依存、相互促进的关系，这一概念可以应用于高职院校专业群的设计中，将专业群作为一个有机的生态系统进行建构。

1）合作伙伴关系

高职院校专业群的适应性设计需要建立与行业、企业和社会的合作伙伴关系。通过与行业合作伙伴密切合作，学校可以了解行业的需求和趋势，将这些信息纳入专业群的设计和课程设置中。合作伙伴可以提供实践教育和实习机会，使学生能够在真实的工作环境中学习和应用知识和技能。这种合作伙伴关系是共生与协同的体现，学校与行业、企业共同促进学生的专业发展，提高学生就业竞争力。

2）交叉学科与综合能力培养

共生与协同的概念可以应用于高职院校专业群内部的设计。专业群内的不同专业之间可以进行交叉学科的整合，促进知识和经验的共享。例如，将信息技术、商务管理和创新设计等专业整合在一起，形成一个综合性的专业群。学生可以跨专业学习，培养自己的综合能力和跨学科思维，从而更好地适应多样化的职业需求。

3）教师团队合作与专业发展

共生与协同的概念适用于高职院校内部的教师团队。教师之间可以进行合作，共同探索新的教学方法和课程设计，提高教学质量。例如，教师可以组成跨学科的团队，共同制定综合性课程，将不同专业的知识和技能融合在一起。同时，教师团队也能进行专业发展，不断更新知识和教学技能，以保持与行业发展的同步。

4）学生参与和社会责任

共生与协同的概念强调学生的参与和社会责任。高职院校应该鼓励学生积极参与学校和社区的活动，培养他们的社会责任感和团队合作精神。学生可以参与社会实践项目、志愿者活动等，与社会各界建立联系，拓宽自己的视野和经验。学校也可以组织学生参与创新创业项目，培养学生的创新精神和团队协作能力。

这些共生与协同的概念构成了高职院校专业群适应性设计的生态基础。通过建立合作伙伴关系、促进交叉学科与综合能力培养、教师团队合作与专业发展，以及学生参与和社会责任，高职院校可以构建一个有机的生态系统，促进学生的综合发展，提高学生就业竞争力，同时与社会经济的发展保持紧密联系。

比如，可再生能源专业群包括太阳能技术、风能技术、生物质能技术等专业。在这个专业群中，不同专业之间可以展现共生与协同的概念。

首先，太阳能技术专业的学生可以学习太阳能光伏发电的原理和应用，风能技术专业的学生可以学习风力发电的原理和技术，生物质能技术专业的学生可以学习生物质能的转化和利用方法。这些专业之间的学习相互补充，形成了专业群内的共生关系。

其次，这些专业可以进行协同合作。例如，太阳能技术专业的学生可以与风能技术专业的学生合作开展混合能源系统的设计和优化。他们可以结合太阳能和风能两种资源，通过协同设计和协同控制，实现能源的高效利用。这种合作可以促进专业之间的交流和合作，提高学生解决问题的能力。

此外，专业群与行业的互动也是共生与协同的体现。可再生能源专业群可以与能源公司、环保机构等行业建立合作关系。通过与行业的合作项目，学生可以接触到真实的工程项目，提高他们的实践能力和就业竞争力。同时，学校也可以从行业获取反馈和需求，将其纳入课程设置和教学内容中，使专业群保持与行业的紧密联系。

2. 生态位

生态位是生态学中的一个重要概念，指的是一个生物种群或群落在生态系统中的地位和角色[①]。将这个概念应用于高职院校专业群的设计中，可以帮助我们理解专业群在时空维度上的适应性。

1）时空特征的分析

适应性设计首先需要对高职院校专业群的时空特征进行分析。这包括专业群所处的地理位置、所服务的社区和行业、所涵盖的时间范围等。通过了解这些时空特征，可以更好地把握专业群的定位和发展方向。比如，对接成渝地区军工企业数字化转型的专业群适应性设计就体现了位置、行业和时间等重要维度。

2）资源利用和竞争

生态位概念强调不同物种之间的资源利用和竞争关系。在高职院校专业群中，不同专业之间也存在着资源的利用和竞争。适应性设计需要考虑专业之间的协调与平衡，避免资源过度集中或过度竞争的产生。可以通过合理规划课程设置、资源分配和师资配置，以促进专业之间的协同发展和合作共赢。

3）生态位的分化和差异化

生态位涉及物种之间的分化和差异化。高职院校专业群的适应性设计可以通过差异化的课程设置和专业特色的培育，使不同专业之间形成明显的差异和特色。这有助于满足多样化的学生需求和就业市场的需求，提高专业群的竞争力。

4）适应性与环境变化

生态位的概念涉及物种对环境变化的适应能力。在高职院校专业群的适应性设计中，需要考虑社会、经济和科技等方面的变化对专业需求的影响。及时

---

① 周东兴. 生态学研究方法及应用. [M]哈尔滨：黑龙江人民出版社，2009：2-3.

调整课程设置和教学方法，引入新的知识和技能，以适应不断变化的就业市场和社会需求。

5）生态系统的平衡与稳定

生态位概念强调生态系统的平衡和稳定。在高职院校专业群的适应性设计中，也需要追求专业群内部和外部的平衡与稳定。这涉及各个专业之间的协作和协调，以及专业群与行业、社区之间的合作。良好的合作关系和长期稳定的合作机制的建立，可以促进专业群的可持续发展。

比如，文化创意产业专业群。这个专业群包括了广告设计、多媒体技术、数字媒体艺术等专业。在文化创意产业专业群中，不同专业可以占据不同的生态位，它们相互依存、相互促进，形成了一个有机的生态系统。

首先，广告设计专业的学生可能负责创意设计、品牌推广等方面的工作，他们在传达信息、吸引受众方面具有独特的专业优势。多媒体技术专业的学生则可以负责技术支持、数字内容制作等方面的工作，他们擅长运用技术手段创造多样化的媒体产品。数字媒体艺术专业的学生可以负责艺术创作、影像处理等方面的工作，他们能够通过艺术表达传递情感和观点。

其次，在这个专业群中，不同专业之间的生态位也相互补充。广告设计专业的学生在多媒体技术专业学生的技术支持下，可以创造出更具创意和多样性的广告作品。数字媒体艺术专业的学生可以为广告设计和多媒体技术专业的学生提供艺术创作的视角和表现手法，使作品更具艺术性和观赏性。

此外，专业群与行业的互动也是生态位概念的体现。文化创意产业专业群可以与广告公司、媒体机构等合作，共同开展实际项目。通过与行业的互动，专业群可以了解行业的需求和趋势，将这些信息纳入专业群的课程设置和教学内容中。同时，学生也可以通过参与行业合作项目，获得实践经验和就业机会。

3. 共生共荣

共生共荣强调不同生物体之间相互依存、相互促进的关系，这一概念可以应用于高职院校，通过专业群的设计，构建一个有机的生态系统。

1）专业群的相互依存性

适应性设计要考虑不同专业之间的相互依存性。高职院校专业群中的不同专业应该相互依赖、相互补充，形成一个协同发展的整体。例如，一个信息技术类专业的学生可能需要与设计专业的学生合作开发一个项目，这样可以充分发挥各专业的优势，实现互利共赢。

2）知识与技能的共享

共生共荣的概念强调知识与技能的共享。在高职院校专业群的适应性设计中，可以通过跨学科的课程设置和教学方案来促进知识和技能的共享。不同专业的学生可以共同学习和合作，从而丰富彼此的知识和技能。这样的共享有助于培养学生的综合能力和跨学科思维，提高他们在职场中的竞争力。

3）激发创新与合作精神

共生共荣的概念强调创新和合作精神的培养。高职院校专业群的适应性设计应该鼓励学生之间的创新合作。例如，可以组织跨专业的项目实践，让学生在团队中合作解决实际问题，从而培养他们的创新思维和合作能力。这种合作精神有助于培养学生的团队合作意识，提高专业群整体的创新能力。

4）与社会的互动与共赢

共生共荣的概念强调与社会的互动与共赢。高职院校专业群的适应性设计应该与社会各界建立紧密的联系，与行业、企业、社区等进行合作。通过与社会的互动，高职院校可以了解社会的需求，从而将这些信息纳入专业群的设计和发展中。这样的互动有助于提高专业群的就业竞争力和社会影响力，同时也为社会提供了人才和技术支持。

比如，高职院校的智能制造专业群包括了机械设计与制造、自动化技术、电子工程技术等专业。在这个专业群中，不同专业之间可以展现共生共荣的概念。

首先，机械设计与制造专业的学生可以通过学习自动化技术和电子工程技术，掌握与智能制造相关的知识和技能。这样的跨学科学习使他们能够更好地适应智能制造领域的要求。

其次，这些专业之间可以进行知识和技能的共享。例如，机械设计与制造专业的学生可以与自动化技术专业的学生合作开展智能机械设备的设计与制造项目。机械设计与制造专业的学生负责机械结构设计，而自动化技术专业的学生则负责编写控制程序和调试。通过合作，他们可以充分发挥各自的专业优势，实现协同创新。

此外，专业群与行业的互动也是共生共荣的表现。该专业群可以与智能制造行业的企业建立紧密的合作关系。通过与企业的合作项目，学生可以接触到真实的智能制造环境和需求，提高他们的实践能力和就业竞争力。同时，学校也可以从企业获取行业动态和前沿技术，并将其纳入课程设置和教学内容中，使专业群保持与行业的紧密联系。

4. 共生失衡

高职院校专业群适应性设计的困境根源可以从共生失衡的概念中得到合理的解释。共生失衡指的是在一个系统中，不同组成部分之间的相互关系失去平衡，导致系统的功能和效益出现问题。在高职院校专业群适应性设计中，如果不同专业之间的共生关系失衡，就会出现一系列困境。这些困境的根源可以归结为以下几个方面：

1）专业设置的单一性

传统上，高职院校的专业设置较为单一，各个专业相对独立发展。这导致了专业之间的共生关系薄弱。学生在学习过程中难以获得跨学科的知识与技能，缺乏综合能力的培养。同时，就业市场对综合能力强的人才的需求日益增加，这使得传统的单一专业设置面临适应性不足的问题。

2）缺乏合作与协同

专业群内部缺乏有效的合作与协同机制，导致专业之间相互独立，缺乏交流和合作的机会。学校和教师之间的合作也相对有限。缺乏合作与协同会导致教学内容的重复、学生的能力培养不全面以及学校与社会需求之间的脱节。

3）行业对接不紧密

高职院校专业群的适应性设计应该与行业需求密切相关，但在实践中存在行业对接不紧密的问题。行业在技术发展、人才需求等方面更具前瞻性和变动性，而高职院校的课程设置和教学内容难以及时调整。这导致学生毕业后的就业能力与行业需求之间存在差距，造成学生就业困难和人才供需失衡。

4）学校资源分配不均衡

在高职院校中，资源分配不均衡也是导致共生失衡的困境之一。一些专业可能得到更多的资源支持，如实验室设备、教师队伍等，而其他专业所得到的资源支持则相对较弱。这种不均衡的资源分配会影响到不同专业的发展和合作机会，导致专业群内部的共生关系失衡。

比如，很多高职院校都设置了信息技术专业群。这个专业群通常由计算机科学与技术、软件工程、网络工程等专业构成。在这个专业群中，共生失衡的概念体现在以下几个方面：

首先，在信息技术专业群中，各个专业相对独立发展，每个专业都注重培养自身领域的技能和知识。然而，由于信息技术的快速发展和不断涌现的新兴领域，单一专业的知识和技能往往无法满足行业的多样化需求（专业设置的单一性），导致专业间共生关系薄弱。

其次，缺乏合作与协同。在信息技术专业群内部，专业之间缺乏有效的合作与协同机制。学校可能将不同的信息技术专业分配到不同的学院或部门，导致了专业之间的孤立和隔阂。缺乏合作与协同会导致教学内容的重复、学生能力培养的不全面，无法培养出具备跨学科能力的综合性人才。

再次，行业对接不紧密。信息技术行业的发展速度非常快，新技术和新需求层出不穷。然而，高职院校的课程设置和教学内容往往滞后于行业的发展。这导致学生毕业后的就业能力与行业需求之间存在差距，造成了人才供需失衡的情况。例如，某些专业可能过度强调传统软件开发技能，而忽视了对人工智能、大数据等新兴领域的开发。

最后，学校资源分配不均衡。在信息技术专业群中，一些专业可能得到更多的资源支持，如实验室设备、教师队伍等，而其他专业则相对较弱。这种不均衡的资源分配会限制专业群内部的共生关系和协同发展。

2.1.5 文化学理论下的高职院校专业群适应性设计

1. 文化适应

文化适应是指个体或组织在跨文化环境中获取并应用新的文化知识、技能和价值观的过程。在高职院校专业群的适应性设计中，适应先进企业文化的改革方向，应将具有先进企业文化特征的价值观、行为准则和工作方式引入教育培养过程，以培养与先进企业文化相匹配的专业人才。

1）价值观的调整

先进企业文化通常具有明确的价值观，如创新、协作、责任等。高职院校专业群的适应性设计应调整和强化学生的价值观，使其与先进企业文化相一致。这可以通过开设相关的课程、组织企业文化讲座和案例研究等方式实现。学生需要理解和内化这些价值观，并在其学习和实践中体现出来。

2）工作方式的改变

先进企业文化往往注重团队合作、跨部门协作和项目导向的工作方式。高职院校专业群的适应性设计应当引入这种工作方式，培养学生的合作精神和团队合作能力。通过设计实践项目、小组作业和模拟企业环境等，使学生能够在团队中协作解决问题，培养其与他人合作的能力。

3）创新意识的培养

先进企业文化注重创新和持续改进。高职院校专业群的适应性设计应重视培养学生的创新意识和创新能力。这可以通过开设创新创业课程、组织创新项目和创业实践等方式实现。学生需要学习新的方法和工具，培养解决问题的创新思维，以适应先进企业对创新的需求。

4）领导与沟通能力的培养

先进企业文化强调领导才能和良好的沟通能力。高职院校专业群的适应性设计应注重培养学生的领导能力和沟通技巧。通过开设领导力开发课程、组织领导力训练和演讲比赛等方式，培养学生的领导潜力和沟通能力，使其能够在职业生涯中担任领导角色并与他人有效沟通。

5）实践导向的教学

适应先进企业文化的改革方向要求高职院校专业群的教学具有实践导向。学生需要通过实习、实训、项目实践等方式，与真实的企业环境接触，了解和体验先进企业文化。这样可以更好地将先进企业文化的理念和要求融入学生的专业学习和实践。

2. 文化整合

文化整合是指在不同文化背景下，将多种文化要素融合在一起，形成新的文化体系的过程。在高职院校专业群适应性设计中，整合先进企业文化是一个重要的实践方向。通过将先进企业的文化要素融入教育培养过程，可以促进学生对行业趋势、职业要求和创新精神的理解，培养与企业文化相符合的专业素养和职业能力。①以下是高职院校专业群进行适应性设计时整合先进企业文化的实践方向：

1）了解企业文化

学校应积极与先进企业进行合作，了解其企业文化的核心、组织结构和工作方式。这包括企业的使命、愿景、价值观、团队合作、创新精神等方面。通过与企业的深度对话和交流，学校能够深入了解企业文化的内涵和特点。

2）教育内容与企业文化相融合

将企业文化的核心和企业理念融入教育内容中。例如，在课程设置中引入相关企业文化的知识和案例，使学生了解企业文化的实际运作和应用。同时，通过教学活动、项目实践等方式，培养学生与企业文化相符合的专业技能和素养。

3）培养职业能力和行为准则

将先进企业所倡导的职业能力和行为准则纳入教育培养中。例如，培养学

① 刘俊心，张其满．职业教育文化学[M]．北京：高等教育出版社，2015：84-88.

生的沟通能力、团队合作能力、创新思维和问题解决能力等。学校可以通过模拟实训、案例分析、职业规划指导等方式，使学生在学习过程中更好地掌握和应用这些职业能力和行为准则。

4）以实践为导向的教学与企业文化相契合

高职院校应推行以实践为导向的教学模式，与先进企业进行紧密合作，让学生融入真实的工作环境。通过实习、实训、项目合作等方式，让学生亲身体验和感受先进企业的文化氛围和工作方式。这有助于学生更好地理解和适应企业文化，并提高他们在实际工作中的适应能力。

5）建立产教融合的平台

学校可以与先进企业建立长期的合作关系，共同搭建产教融合的平台。通过联合开展科研项目、技术创新、人才培养等合作，学校与企业的文化理念能够相互渗透和促进。这样的平台能够为学生提供更多与企业接轨的机会，加强他们对企业文化的理解和应用能力。

通过整合先进企业文化，高职院校专业群适应性设计能够使学生更好地了解和适应行业的要求，培养与企业文化相契合的专业素养和职业能力。这有助于学生在就业市场上具备竞争力，更好地适应和融入实际工作环境。同时，学校与企业的合作也能够促进产教融合，推动教育培养与行业需求的紧密结合，提升教育质量和培养效果。这种实践方向能够培养出具备行业适应性和职业素养的专业人才，为社会和行业的发展作出积极贡献。

3. 文化冲突

在高职院校专业群适应性设计中，学校文化与企业文化之间可能存在文化冲突。学校文化和企业文化具有不同的价值观、行为准则和组织方式，因此在整合两者时可能会面临挑战。

1）挑战

（1）价值观和目标的差异。学校和企业往往有不同的价值观和目标。学校注重学术研究和知识传授，强调学生的全面发展；企业注重商业利益和市场需求，倾向于培养具备实用技能和能够解决实际问题的人才。在高职院校专业群的适应性设计中，学校和企业之间的文化冲突可能涉及教学目标的调整、课程设置的协调以及学生评价的标准制定等方面。

（2）组织结构和管理方式的不同。学校和企业的组织结构和管理方式存在差异。学校通常具有相对宽松的组织结构和决策流程，注重学术自由和民主参与，而企业则更加注重效率和层级管理。在整合学校文化和企业文化时，高职院校可能需要调整组织结构、制定清晰的决策流程，并协调学校和企业之间的管理方式，以确保学生能够适应未来的职业环境。

（3）沟通和语言的障碍。学校和企业之间的沟通和语言障碍可能成为挑战。学校和企业通常有不同的专业术语和行业惯例，这可能导致沟通的困难和理解的偏差。高职院校需要通过建立有效的沟通渠道、提供跨文化沟通培训和支持，帮助学生和教职工理解和适应企业文化中的语言和沟通方式。

（4）教师和企业导师的角色定位。在高职院校的专业群适应性设计中，教师和企业导师的角色定位也可能存在挑战。学校教师通常注重学术研究和教学，而企业导师更看重实践经验和职业技能。如何协调教师和企业导师这两个角色，并确保他们在专业培养中发挥协同作用，是一个需要解决的问题。

为应对这些挑战，高职院校可以采取以下策略：

2）策略

（1）建立合作伙伴关系。与企业建立紧密的合作伙伴关系，通过定期交流和对话，共同制定提升适应性的目标和方案。学校和企业可以就教学目标、课程设置、实习计划和人才培养方案等方面进行深入合作，以确保学生获得符合企业需求的实践技能和专业素养。

（2）教师和企业导师培训。为教师和企业导师提供相关培训和支持，帮助他们了解和适应不同文化背景下的教学和指导方式。这包括跨场域教学方法、职业导师培训和跨界合作能力的培训等方面。通过提升教师和企业导师的跨文化能力，可以更好地促进学校文化和企业文化的融合。

（3）学生培养计划的综合性设计。在制定学生培养计划时，要综合考虑学校文化和企业文化的要求。这包括课程设置、实践教学、实习安排和评价标准等方面。高职院校可以通过与企业合作，将实际案例和项目纳入课程，为学生提供更贴近实际工作环境的学习体验，以增强学生的企业文化适应性和实践能力。

（4）学生支持和辅导。高职院校可以通过设立专门的学生服务中心，提供学生心理辅导、职业规划指导和跨文化交流活动等，为学生提供跨场域文化适应的支持和辅导。帮助学生理解和适应企业文化的要求，增强跨文化交流和合作的能力。

2.1.6 系统科学理论下的高职院校专业群适应性设计

1. 复杂适应

复杂适应是指在面对复杂、动态和不确定的环境条件下，系统能够通过自组织和自适应的方式，实现有效的适应和优化[①]。在高职院校专业群的适应性设计中，其基本表征包括：

1）多维度的适应性

高职院校专业群适应性设计需要考虑多个维度的适应性。这包括学生的个体适应性、课程和教学的内容适应性、教师和导师的角色适应性、校企合作的组织适应性等。适应性设计要综合考虑这些维度的相互关系，以促进整个专业群的协同适应。

2）采用灵活的教学模式

在复杂适应的背景下，高职院校专业群适应性设计需要采用灵活的教学模式。这包括项目化学习、问题导向学习、合作学习等教学方法，以激发学生的创造力和问题解决能力。通过引入实践案例和真实情境，提供具有挑战性和现实意义的学习体验，培养学生的适应性思维和能力。

① 苗东升. 系统科学精要（第3版）[M]. 北京：中国人民大学出版社，2010：229-230.

3）设置跨学科和综合性的课程

高职院校专业群适应性设计需要打破传统学科的界限，推动跨学科和综合性的课程设置。这意味要着将不同学科的知识和技能融合在一起，培养学生的综合素质和跨领域的能力。例如，将工程技术与商业管理相结合，培养工程管理人才；将设计艺术与信息技术相结合，培养创意技术人才等。

4）强调以实践为导向的学习体验

高职院校专业群适应性设计强调以实践为导向的学习体验。这包括实习、实训、项目实践等形式，使学生能够在真实的工作环境中应用所学知识和技能。通过与企业合作、参与社区服务等方式，为学生提供面对和解决实际问题和挑战的机会，促进学生实践适应能力的培养。

5）建立反馈和评估的循环机制

高职院校专业群适应性设计需要建立有效的反馈和评估循环机制。这意味着需要及时收集和分析学生、教师、企业等各方面的反馈信息，以了解适应性设计的效果和改进方向。通过定期的评估和调整，优化专业群的适应性设计，不断提升教学质量和学生的适应能力。

在智能制造专业群中，复杂适应的概念体现在以下几个方面：

第一，智能制造涉及多个学科领域，包括机械工程、电子工程、计算机科学、自动化等。专业群的适应性设计需要综合考虑这些学科领域的知识和技能，以及不同学科之间的交叉点和融合点。例如，学生只有掌握机械设计、传感器技术、编程和控制系统等多个领域的知识，才能在智能制造中应用和创新。

第二，为了培养学生的适应性思维和能力，智能制造专业群可以采用灵活的教学模式，如问题导向学习和项目化学习。学生可以通过解决真实的智能制造问题和参与实践项目，探索和应用多个学科的知识和技能。这样的教学模式能够激发学生的创造力、提高解决问题的能力，同时培养他们在不确定和复杂环境中的适应性。

第三，智能制造专业群的课程设置需要跨越多个学科领域。例如，课程可以包括机械设计与制造、传感器与数据采集、计算机视觉与图像处理、工业物联网等。通过将这些学科领域的知识融合在一起，学生可以获得更全面和综合的智能制造能力。这种综合性的课程设置可以帮助学生适应智能制造领域日益复杂和快速变化的需求。

第四，智能制造专业群的适应性设计需要注重以实践为导向的学习体验。学生可以参与智能制造实验室的实践活动，使用先进的制造设备和技术，进行实际的制造过程和系统集成。通过这样的学习体验，学生可以直接面对真实工作环境中的挑战和问题，提高他们的适应性和解决问题的能力。

2. 自组织与他组织

在高职院校专业群的适应性设计中，可以运用自组织与他组织的概念，构建一个二维系统动力。这个概念将专业群视为一个自组织系统，同时考虑了其与外部环境的相互作用。

1）自组织性

在高职院校专业群的适应性设计中，自组织性是指群体内部的自发性协调和组织。专业群内的学生、教师、课程和教学资源等各个要素通过相互作用和调整，形成自发的组织和协同。这种自组织性使得专业群能够灵活应对变化，并适应不断变化的教育环境。

2）他组织性

与自组织性相对应的是他组织性，指的是专业群与外部环境的相互作用和调整。高职院校专业群需要与行业、社会和经济发展等外部环境保持紧密联系，并根据外部需求进行调整和优化。这种他组织性使得专业群能够与外部环境保持协调和协作，增强适应性和可持续发展能力。

3）二维系统动力

高职院校专业群的适应性设计可以被看作是一个二维系统动力的过程。第一维度是专业群内部的自组织过程，涉及学生、教师、课程和资源等内部要素之间的相互作用和调整。这个过程可以通过创设合适的学习和教学环境、激发学生的学习动力、建立有效的教师团队等方式来促进。第二维度是专业群与外部环境的他组织过程，包括与行业合作、与社会需求对接、与经济发展相适应等。这个过程可以通过建立校企合作机制、开展实践项目、持续进行市场调研等方式来实现。

4）动力调控与优化

在二维系统动力中，动力调控扮演着重要的角色。高职院校专业群的适应性设计需要不断调控和优化内部自组织与外部他组织之间的动力平衡。这包括通过教学改革、课程更新、师资培养等方式推动专业群内部的自组织，同时通过与行业合作、开展实践项目等方式促进与外部环境的他组织。动力调控的目标是使专业群能够在自组织与他组织之间保持动态平衡，实现持续的适应和优化。

以汽车工程专业群为例，自组织性体现在专业群内部的学生、教师、课程和资源等要素之间的自发协调和组织。学生可以通过参与实际的汽车制造项目，与教师和行业专业人员合作，形成自发的学习和实践团队。教师可以根据学生的学习需求和行业发展趋势，自发地调整课程内容和教学方法，以满足学生的学习需求。课程和资源的配置也可以通过学生和教师的积极互动和参与来实现自组织过程。而他组织性体现在专业群与当地汽车制造行业的紧密合作和对接。专业群可以与当地汽车制造企业建立校企合作机制，共同开展实践项目和技术研发活动。通过与行业的合作，专业群可以了解行业的需求和趋势，调整课程设置和教学内容，以使学生的学习与就业市场需求保持紧密联系。同时，专业群还可以与行业合作开展实习和就业安置，为学生提供实践机会和就业渠道。

在这个例子中，自组织性和他组织性相互作用，共同推动高职院校汽车工程专业群的适应性设计。自组织性使得专业群内部的学生和教师能够在学习和教学过程中形成自发的协作和组织，从而促进知识和技能的综合发展。他组织性使得专业群与当地汽车制造行业保持紧密的合作和对接，使教育与实践紧密结合，提高学生的就业能力和行业适应性。通过自组织与他组织的相互作用，专业群能够不断优化和调整内部的教学和资源配置，同时与外部的汽车制造行业保持紧密协作，实现专业群的可持续发展。

3. 整体性原理

整体性原理是系统科学中的一个重要概念，它强调系统是由相互关联和相互作用的部分构成的，而不仅仅是各个部分的简单叠加。在高职院校专业群的适应性设计中，整体性原理可以被应用于以下几个方面：

1）系统观

适应性设计需要从整体的角度来考虑专业群内部的各个要素，包括学生、教师、课程、资源、行业合作等。这些要素相互关联、相互作用，共同构成了专业群的整体。因此，在设计过程中，需要全面理解和考虑这些要素之间的相互关系和相互作用，以及它们对整体适应性的影响。

2）综合思维

整体性原理要求将学生、教师、课程、资源等要素视为一个综合的整体系统，而不是单独的组成部分。在适应性设计中，需要综合考虑各个要素之间的相互关系和相互作用，以及它们对整体适应性的贡献。例如，课程设置应该与学生的学习需求和行业发展趋势相匹配，教师的教学方法应该与学生的学习特点相适应，资源配置应该满足教学和实践的需求等。

3）反馈机制

整体性原理还强调系统中的反馈机制对于适应性设计的重要性。反馈机制可以帮助系统感知和理解外部环境的变化，并根据变化进行调整和优化。在高职院校专业群的适应性设计中，可以建立学生、教师、行业合作等方面的反馈机制，收集和分析相关数据，以了解学生的学习情况、教师的教学效果、行业的需求变化等，并根据反馈结果进行相应的调整和改进。

4）协同合作

整体性原理强调系统中各个部分之间的协同合作。在高职院校专业群的适应性设计中，学生、教师、行业合作等要素需要相互配合和协同工作，共同推动专业群的发展和适应性提升。例如，学生可以通过项目合作和实践活动来提高技能和创新能力，教师可以根据学生的学习需求和行业发展趋势调整教学内容和方法，行业合作可以为专业群提供实践机会和就业渠道等。

整体性原理为高职院校专业群的适应性设计提供了理论基础和指导思想。通过综合考虑系统的各个要素之间的相互关系和相互作用，建立反馈机制，促进协同合作，可以实现专业群的可持续发展。

以机械工程专业群为例，整体性原理体现在专业群内部的学生、教师、课程和资源等要素之间的综合协同和相互作用上。学生可以通过参与实践项目和实习，与制造业企业紧密合作，获得实际工程经验。教师可以根据制造业的需求和技术趋势，调整课程设置和教学方法，使其与行业需求保持紧密对接。学习资源和实验设备的配置也可以根据学生的需求和行业发展的情况进行调整和优化。此外，机械工程专业群的整体性原理还体现在以下几个方面：

第一，课程设计。机械工程专业群的课程设置应该综合考虑制造业的需求和技术发展趋势。通过与制造业企业的合作，可以了解行业的新技术、新材料和新工艺等方面的需求，将这些需求纳入课程设置中，以培养符合行业要求的人才。

第二，实践教学。机械工程专业群应该注重实践教学的开展。学生可以通过参与实际工程项目、工艺仿真和实验室实践等活动，将理论知识应用到实际工程中，并与制造业企业进行协作。这样的实践教学可以提高学生的技能水平和工程实践能力，使他们更好地适应制造业的需求。

第三，行业合作。机械工程专业群与当地制造业企业之间的合作是整体性原理的体现。通过建立合作关系，可以开展联合研究项目、实习等。制造业企业可以为学生提供实践机会、行业导师和就业指导，提供与实际工程相结合的学习和实践机会。同时，专业群可以从行业企业那里获取反馈信息，了解行业的发展趋势和技术需求，从而调整和优化教学内容和方法。

通过整体性原理的应用，机械工程专业群能够综合考虑学生、教师、课程和行业合作的要素，实现专业群的整体适应性和发展。

4. 有序性原理

有序性原理是系统科学中的一个重要概念，它强调系统中存在着一种内在的有序结构和关系。在高职院校专业群的适应性设计中，有序性原理可以被应用于以下几个方面：

1）课程结构

适应性设计中的有序性原理要求专业群的课程结构具有一定的逻辑和有序性。课程应该按照一定的层次和顺序进行组织，以确保学生能够逐步学习和掌握相关知识和技能。例如，基础课程可以作为学生建立坚实基础的起点，中级和高级课程则可以为学生提供更加深入和专业化的知识和技能。这种有序的课程结构可以帮助学生逐步提升能力，适应专业发展的要求。

2）学习过程

有序性原理要求学生在学习过程中保持一定的有序性。学生的学习应该按照一定的步骤和顺序进行，以确保知识的连贯性和学习的有效性。例如，在实践课程中，学生可以先进行基础的理论学习，然后逐步进行实践操作和项目实施，最后进行总结和评估。这种有序的学习过程可以帮助学生更好地掌握和应用所学知识，提高学习效果。

3）资源整合

有序性原理要求高职院校对专业群的资源进行有序整合和优化利用。高职院校专业群通常涉及多个学科领域和教学资源，有序性原理要求将这些资源进行合理整合，以形成一个有机的整体。例如，可以建立跨学科的教学团队，为不同学科领域的教师开展协同教学提供综合性的课程和项目。这种有序的资源整合可以促进知识的交叉融合和学科之间的协同发展。

4）目标设定

有序性原理还要求在适应性设计中设定明确的目标和阶段性的里程碑。专业群的发展和适应性提升需要有清晰的目标和规划。通过设定阶段性的目标和里程碑，可以帮助专业群在适应性设计过程中保持有序性和连续性，确保适应性设计的顺利进行。

以计算机科学与技术专业群为例，有序性原理在其适应性设计中的运用体现在：

第一，该专业群的课程结构按照有序性原理进行设计。首先，学生从学习基础课程开始，如学习与计算机基础、编程基础等相关的课程，逐步学习和掌握基础知识和技能。其次，学生进入中级阶段，学习更加专业化的课程，如数据库、网络技术、软件工程等相关课程。最后，学生进入高级阶段，学习高级领域的课程，如人工智能、大数据等相关课程。这种有序的课程结构确保了学生能够在学习过程中逐步提升能力，适应专业发展。

第二，在学习过程中，该专业群以有序性原理作为指导，学生的学习按照一定的步骤和顺序进行。例如，在编程相关课程中，学生首先学习编程语言的基本语法和概念，其次逐步进行编写简单程序、解决实际问题等实践操作。这种有序的学习过程帮助学生渐进地掌握编程技能，逐步提高解决问题的能力。

第三，该专业群将多个学科领域和教学资源进行有序整合和优化利用。学校组建了一个跨学科的教学团队，由计算机科学与技术、软件工程、数据库等领域的教师组成。团队成员共同设计和教授综合性的课程和项目，以促进知识的交叉融合和学科之间的协同发展。例如，学生可以参与跨学科的软件开发项目，结合数据库和网络技术等知识，进行实际的软件开发和系统设计。

第四，该专业群设定了明确的目标和阶段性的里程碑。通过设定目标，学生可以清楚地了解自己在学习过程中的发展方向和进展情况。学校还设立了评估机制，定期对学生的学习情况进行评估和反馈。这样，学生可以根据评估结果调整学习策略，适应性地发展自己的技能和能力。

5. 持存性原理

系统科学理论中的持存性原理对高职院校专业群适应性设计具有重要的启示。持存性原理强调系统中的稳定性和延续性，即系统在变化中保持一定的连续性和持续性。在高职院校专业群的适应性设计中，持存性原理可以应用于以下几个方面：

1）专业持续性

高职院校专业群的适应性设计需要考虑专业的持续性。随着社会的变化和技术的发展，一些传统的专业可能会面临被淘汰的风险，而新兴的专业可能会涌现出来。在适应性设计中，持存性原理要求学校对专业进行全面的评估和预测，确保专业的持续性和发展潜力。如果某个专业面临挑战，可以通过调整课程设置、更新教学方法、引入新的技术等方式，使其保持与市场需求的匹配，维持专业的持续性。

2）跨学科整合

持存性原理还要求在适应性设计中进行跨学科的整合。高职院校专业群通常涉及多个学科领域，如工程技术、商业管理、信息技术等。持存性原理强调不同学科之间的关联和互补，要求将不同学科的知识和技能进行整合，形成新的综合性专业群。通过跨学科整合，可以提供更加综合和全面的教育，培养学生跨学科的能力和素养，以适应日益复杂和多样化的职业需求。

3）核心概念的延续

持存性原理要求在适应性设计中保持核心概念的延续。每个专业群都有其核心的概念和理论基础，这些核心概念是专业的基石。在适应性设计中，持存性原理要求保持这些核心概念的连续性和稳定性，同时根据发展需求进行适当的更新和拓展。这样可以确保学生在学习过程中能够建立坚实的基础，并适应专业发展中的变化和创新。

4）专业文化的传承

持存性原理还强调专业文化的传承。每个专业领域都有自己的独特文化和价值观，这些文化和价值观是专业发展的重要支撑。在适应性设计中，持存性原理要求学生传承和弘扬专业文化，使学生保持自身对专业的认同和热爱。传承专业文化，可以激发学生的学习动力和创造力，使他们成为专业领域的有价值的人才。

以重庆电讯职业学院的军工数字化特色专业群的适应性设计为例，其持存性原理的运用体现在：

第一，重庆电讯职业学院的军工数字化专业群致力于培养军工领域的数字工匠，但随着军事技术的快速发展和数字化转型的推进，专业群面临新的挑战。为了保持专业的持续性，学校进行了全面的专业评估，并与军工企业合作，了解行业的发展需求。评估结果显示，未来军工领域需要更多具备人工智能、大数据分析和网络安全等领域数字化技术能力的人才。基于这一评估结果，学校进行了课程调整和实验室设备更新，以满足市场需求并确保专业的持续性。

第二，为了提供更综合和全面的军工数字化教育，该专业群进行了跨学科整合。学校组建了一个跨学科的教学团队，由电子信息工程、计算机科学与技术、通信工程等领域的教师组成。团队成员共同设计和教授综合性的课程和项目，以培养学生的跨学科的能力和素养。例如，学生可以参与跨学科的军事仿真项目，结合数字化技术和军事战略知识，进行系统建模和仿真分析。

第三，尽管军工领域面临数字化转型，但该专业群仍保持了一些核心概念的延续。例如，军事战略和军事工程是军工数字化专业的核心概念。学校在适应性设计中强调这些核心概念的学习，以确保学生具备坚实的理论基础。同时，学校也根据军事技术的发展趋势和需求，适时更新和拓展相关的核心概念，如无人系统技术和网络化作战概念。

第四，学校注重军工数字化专业群学科文化的传承，强调创新精神和团队协作能力。学校通过组织科研项目、实践实训和军工企业实习等活动，培养学生的创新能力和团队合作精神。同时，学校积极开展国防教育和军事训练，加强学生的国家意识和使命感，使他们成为具备实际操作能力和团队协作能力的军工数字化专业人才。

2.1.7 信息技术学理论下的高职院校专业群适应性设计

1. 非完全信息

非完全信息指的是在决策过程中，信息获取是不完全的，决策者无法获得所有相关信息或对未来信息发展趋势做出完全准确的预测，主要体现在以下几个方面：

信息缺失：由于各种原因，信息系统无法获取到所有相关信息，存在信息的不完整性。

信息不确定性：获取的信息可能存在不确定性，难以完全确定其真实性和准确性。

信息复杂性：信息之间存在复杂的关联和交互，难以全面建立起信息之间的因果关系。

信息动态性：信息随时间和环境的变化而变化,系统无法及时获取最新信息。

这些因素都会导致信息系统无法获取和处理所有相关信息，只能在有限的信息基础上做出尽可能合理的判断和决策。

非完全信息概念可以解释高职院校专业群适应性设计所面临的信息获取困境：

1）不确定性

在进行适应性设计时，高职院校面临着不确定性信息的获取困境。不确定性可能源于多个方面，包括市场需求的变化、行业趋势的不确定性以及技术创新的快速发展等。由于这些因素的不确定性，高职院校难以准确预测未来的专业需求和趋势，从而对专业群的适应性设计产生影响。

2）不完全信息

高职院校在进行适应性设计时，通常无法获得完全的信息。这可能是因为相关数据不完整、不准确、不可靠，或者因为一些关键信息需要保密或受到商业敏感性的限制。这种不完全信息使得高职院校在做出决策时缺乏全面的了解，从而增加了适应性设计的风险①。

3）多源信息

高职院校在进行适应性设计时，需要从多个信息源获取数据和信息。这些信息源可能包括行业报告、市场调研、企业需求反馈、学生反馈等。然而，不同信息源之间可能存在信息的不一致性和差异性，从而给高职院校带来理解和整合信息的困难。同时，不同信息源的更新速度和可靠性也可能存在差异，使得高职院校难以及时获得准确的信息。

4）信息滞后

在适应性设计过程中，高职院校获取的信息可能存在滞后现象。由于信息的收集、整理和分析需要时间，高职院校可能无法及时获得最新的行业动态和市场需求信息。这种信息滞后可能导致高职院校的适应性设计策略在某些方面落后于实际需求，从而影响专业群的适应性和竞争力。

以重庆电讯职业学院的军工数字化专业群为例，在进行适应性设计时，该院校面临以下挑战：

一是行业需求的保密性。军工行业通常对其技术和战略信息具有高度保密性。由于军事技术的敏感性，军工企业可能不会公开或共享其最新的技术需求。这使得高职院校难以获得准确的行业需求信息，从而在适应性设计中面临信息获取的困境。

二是技术创新的不确定性。军工行业一直处于技术创新的前沿，包括数字化技术在军事领域的应用。然而，技术创新具有不确定性，新兴技术的应用前景和市场需求难以准确预测。因此，高职院校在进行军工数字化专业群的适应

① 陈剑. 产业集群知识管理与创新研究[M]. 北京：中国经济出版社，2019：21.

性设计时，难以获得关于未来技术趋势和应用领域的完整信息。

三是军工企业反馈的局限性。虽然高职院校可以与军工企业进行合作或征求其反馈，但军工企业的反馈可能受到多种限制。例如，企业可能只提供有限的信息，或者只关注其当前的技术需求而缺乏对未来趋势的洞察力。此外，企业可能更关注高级技术岗位的需求，而对于军工数字化专业群的具体技能要求了解可能相对有限。

四是教育体系与军工行业的信息交流障碍。高职院校与军工行业之间可能存在信息交流障碍。军工行业的工作环境和需求对于教育体系来说可能相对陌生，双方之间的沟通可能受到文化差异、专业术语理解困难等因素的影响。这种信息交流障碍可能导致高职院校无法获得充分的行业洞察力，从而在适应性设计中面临信息获取的挑战。

面对这些信息获取的障碍（不完全信息）和挑战，高职院校可以采取以下策略来应对：

第一，与军工企业建立密切的合作伙伴关系，通过合作项目、实习机会等渠道与企业保持紧密联系，以获得更多的行业洞察力和需求信息。

第二，建立与军工行业相关的研究中心或实验室，吸引军工专家和技术人员参与研究和项目合作，以促进信息交流和技术创新。

第三，增强教师团队的专业素养和行业洞察力，通过参与行业培训、研讨会等活动，保持与军工行业的接触和了解。

第四，建立学生反馈机制，定期与学生进行沟通和调查，了解他们对军工数字化专业群的期望和需求，从学生的角度获取有关就业市场和行业发展的信息。

需要注意的是，军工行业的特殊性使得信息获取更具挑战性，因此高职院校在适应性设计过程中必须积极应对非完全信息的困境，并采取灵活的策略尽可能获取准确和全面的信息。

2. 知识管理

高职院校专业群适应性设计过程中，信息共享障碍是一个重要的问题，体现在：

1）隐性知识的共享困难

隐性知识是指个人内部化的、难以形式化和明确表达的知识。在高职院校专业群适应性设计中，教师和专业人员可能拥有大量的隐性知识，包括行业洞察力、实践经验和技能。然而，这些知识往往难以被传授和共享，因为它们主要存在于个体的思维过程和经验中，这就导致了信息共享障碍，因为隐性知识无法轻易转化为形式化的文档或教材。

2）专业门槛和专业壁垒

在高职院校专业群适应性设计中，不同专业的门槛和壁垒可能导致信息共享障碍。不同专业可能有不同的术语、理论框架和方法，这使得跨学科的信息共享变得困难。例如，工程学和艺术设计的专业语言和知识体系差异很大，教师和专业人员之间的交流和共享可能受到限制。

3）学术文化和信息封闭性

高职院校的学术文化和信息封闭性也可能成为信息共享的障碍。在一些学术环境中，教师和专业人员更倾向于将知识和信息保留在自己的领域内，而不愿意与其他人共享。这可能出于竞争的考虑，也可能出于对知识产权的保护。这种信息封闭性限制了知识和经验的共享，对于高职院校专业群适应性设计而言，阻碍了信息的流动和转化。

4）缺乏沟通和合作机制

信息共享的障碍还可能源于缺乏有效的沟通和合作机制。高职院校中的教师和专业人员可能在不同的部门、学院或项目中工作，缺乏跨部门和跨学科的交流机会。缺乏正式的合作平台和机制，如研讨会、项目组或知识共享平台，限制了信息共享的渠道和机会。

高职院校专业群适应性设计中的信息共享障碍是一个需要重视和解决的问题。通过采取适当的措施，可以促进信息的共享和流通，提高专业群适应性设计的效果。

以军工数字化专业群为例，知识管理概念的应用体现在：

第一，军工数字化知识库。建立一个军工数字化知识库，包括各个相关领域的技术文档、标准规范、案例研究和最佳实践等。这个知识库可以成为教师和专业人员查找和共享相关知识的中心资源。教师可以将课程教材、教案和实验指导上传到知识库中，供学生学习和参考。

第二，专业讨论论坛。创建一个专业讨论论坛，促进教师、学生和专业人员之间的交流和合作。论坛可以涵盖军工数字化领域的技术趋势、挑战和解决方案等话题。教师和专业人员可以在论坛上提问、分享经验和解答问题，学生可以参与讨论并提出问题。

第三，实践项目分享。鼓励教师和专业人员分享他们在军工数字化领域的实践项目经验。他们可以在平台上发布项目报告、成果展示和技术方案，以便其他人学习和借鉴。这样的分享可以促进实践经验的传承和创新。

第四，虚拟实验室和仿真平台。建立虚拟实验室和仿真平台，供学生进行军工数字化相关的实验。这些平台可以模拟真实的军工数字化环境和操作，让学生在安全和可控的环境中进行实践。教师可以监督学生的实验进展，并提供指导和反馈。

第五，行业合作与实习机会。积极与军工数字化行业的企业和研究机构建立合作关系，提供实习和项目合作机会。高职院校可以与企业合作，设立行业实习基地，让学生有机会进入实际工作环境、了解项目需求，提高他们的实践能力和就业竞争力。

2.2 高职院校专业群适应性的几个关键问题及其审思

2.2.1 高职院校增强专业群适应性的本质与途径

高职院校增强专业群适应性的本质是要让高职教育更贴近市场和产业的

需求，实现高校与社会的有效对接。这需要高职院校在专业群设置、教学内容、教学方法、教学资源、校企合作等方面进行全面优化和创新，以适应当前和未来的市场和产业发展趋势。

一方面，高职院校需要紧密关注市场和产业的需求，根据需求不断调整和优化专业群设置。高职院校应该积极了解各个行业的发展趋势和相关企业的用人需求，以此为依据调整专业群的设置，确保学生毕业后能够符合市场和产业的需求。同时，高职院校还需要注重跨学科和综合性的人才培养，培养具有多项技能和能力的复合型人才，以适应未来的产业发展趋势和需求。

另一方面，高职院校需要创新教学方法和教育模式，以提高教育与市场的紧密度和适应性。高职院校应该采用多元化的教育方式，包括在线教育、混合式教学、项目化教学等，提高教育的灵活性和实用性，使学生能够更好地适应数字化转型和产业升级的趋势。此外，高职院校还应该加强实践教学，提高学生的实践能力和解决问题的能力，为学生的就业和职业发展打下坚实的基础。

在教学资源的优化配置方面，高职院校需要投入更多的经费，建设先进的教学设施和实验室，购置先进的教学设备，以提高教学质量和效果。高职院校还需要加强校企合作，与相关企业建立紧密的联系和合作关系，共同研究解决实际问题的方案，提高人才培养质量和专业群的适应性。

2.2.2 高职院校专业群适应性的核心

高职院校专业群适应性是指高职院校的专业群能够适应当前社会和经济发展的需求，以及未来发展的趋势和需求。高职院校的专业群适应性是保证高职院校人才培养质量和高校可持续发展的核心因素之一，其核心体现在以下几个方面：

1. 市场需求的匹配

高职院校专业群应当与市场需求相匹配。高职院校应当积极了解各行业的发展趋势和相关企业的用人需求，将市场需求作为人才培养的重要依据，及时调整和优化专业群设置，确保学生毕业后能够满足市场需求。比如，针对智能制造行业对机器人维护和操作人才的需求，开设机器人技术专业；针对互联网金融行业对数据分析人才的需求，开设数据分析与挖掘专业，并与相关企业合作，为学生提供实践机会和就业保障。

2. 人才培养目标的精准定位

高职院校应当根据市场需求和行业发展趋势，明确各专业群的人才培养目标，确保学生毕业后能够具备相关专业知识和实践能力，并能够适应市场的变化和需求。比如，某高职院校的汽车维修专业将人才培养目标定位为培养具备高端汽车维修技术的人才，因此该院校在教学中注重提高学生的高端汽车维修技术水平，以培养符合市场需求的高端汽车维修人才。

3. 教学资源的优化配置

高职院校专业群应当优化配置教学资源，根据专业群的需求，适时投入教学资源，包括教室、教学设备、实验室等，确保教学资源能够满足专业群的教学和实践需求。如某高职院校旅游管理专业的学生需要开展实地考察和旅游规划等实践性活动，因此该院校投入了大量的经费购置旅游巴士、拍摄设备等，为学生提供更好的实践教学条件。

4. 校企合作的深度和广度

高职院校专业群应当加强与企业的联系和合作，积极开展校企合作，与相关企业建立战略合作关系，共同研究解决实际问题的方案，提高人才培养质量和专业群的适应性。比如，某高职院校与某电子公司合作，共同开展电子工程人才培养项目。该项目由高职院校和企业的技术团队组成联合培养团队，通过实践项目的方式，为学生提供更贴近实际的教育和实践机会。

5. 学生实践能力的提高

高职院校应当通过实践教学、实习实训等方式，为学生提供更多的实践机会，提高学生的实践能力和解决问题的能力，增强学生的竞争力和就业能力。

比如，计算机网络专业的教师在教学中应当注重提高学生的网络搭建和维护能力，组织一系列的实践项目，让学生亲手搭建和维护网络系统，提高学生的实践能力和解决问题的能力。

6. 教育模式的创新

高职院校专业群应当积极创新教育模式，采取多元化的教育方式，包括在线教育、混合式教学、项目化教学等，提高教育与市场的紧密度和适应性，以适应数字化转型和产业升级的趋势。比如，通过在线教育，为学生提供更加灵活的学习方式，让学生自由选择学习时间和地点，灵活安排学习计划，并通过在线平台与教师进行互动交流，提高学习效果和学习质量。

高职院校专业群适应性是高职教育的核心问题之一，高职院校应当根据市场需求和行业发展趋势，积极调整和优化专业群设置，加强校企合作，注重学生实践能力的提高，创新教育模式，不断提升高职院校专业群适应市场和社会发展的能力和水平。

2.2.3 服务军工企业数字化转型的高职院校专业群适应性设计的内涵

1. 面向军工企业的数字化转型需求，制定符合专业标准和市场需求的课程体系和教学计划

高职院校应该根据不同领域和不同企业的需求，制定符合行业标准和市场需求的课程体系和教学计划，为学生提供全面的专业素质和能力培养。针对军工企业的信息化建设需求，高职院校可以开设信息化建设与管理专业，培养具备信息化建设和管理能力的人才，例如学生需要掌握信息系统分析和设计、信息安全管理、大数据处理等方面的知识和技能。针对军工企业的智能制造需求，高职院校可以开设智能制造专业，培养具备智能制造技术和应用能力的人才，例如学生需要掌握机器人控制、自动化工艺设计、数字化双胞胎等方面的知识和技能。针对军工企业的网络安全需求，高职院校可以开设网络安全专业，培

养具备网络安全技术和管理能力的人才，例如学生需要掌握网络攻击和防御技术、信息安全管理、网络安全法律等方面的知识和技能。

2. 强化实践教学，提高学生的实践能力和解决问题的能力

高职院校应该注重实践教学，为学生提供实践项目和实验课程，帮助学生掌握实际操作技能和解决实际问题的能力，例如安全防范系统的设计和实施、智能制造系统的开发和应用。高职院校可以与军工企业合作开展实践项目，例如与某军工企业合作开展数字化装备维修项目，学生需要参与实际维修工作，掌握数字化维修技术和操作流程。高职院校可以开设数字化装备实验课程，例如开设数字化制图实验课程，学生需要使用 CAD 软件进行装备设计和制图，掌握数字化制图技术和操作流程。高职院校可以开设数字化装备应用课程，例如开设数字化装备应用课程，学生需要掌握数字化装备的应用场景和操作流程，例如数字化双胞胎技术在装备维修中的应用。

3. 培养信息化和创新能力，提高学生的综合素质和能力

高职院校应该注重培养学生的信息化和创新能力，例如数据分析和处理、人工智能应用和开发、物联网技术应用等方面的能力，帮助学生掌握当前数字化转型所需的核心技术和解决实际问题的能力。高职院校可以开设大数据分析课程，学生需要掌握大数据处理和分析技术，例如使用 Hadoop 和 Spark 进行大数据处理和分析，掌握数据挖掘和机器学习技术。高职院校可以开设人工智能应用课程，学生需要掌握人工智能技术和应用场景，例如使用 TensorFlow 进行图像识别和语音识别，掌握深度学习和自然语言处理技术。高职院校可以开设物联网技术课程，学生需要掌握物联网技术和应用场景，例如使用 Arduino 和 Raspberry Pi 进行物联网系统开发和应用，掌握物联网协议和通信技术。

4. 建立产学研合作平台，提高教育教学的质量和实效

高职院校应该积极开展产学研合作，与军工企业建立紧密的联系和合作，帮助学生了解实际需求和市场动态，提高教育教学的质量和实效。例如，与军工企业合作开展数字化转型项目，为学生提供实践机会和技术支持。高职院校

可以与某军工企业合作开展数字化装备维修项目，学生需要参与实际维修工作，掌握数字化维修技术和操作流程；可以与某军工企业合作开展数字化装备设计项目，学生需要参与实际设计工作，掌握数字化设计技术和操作流程；可以与军工企业合作开展数字孪生项目，学生需要参与实际应用和测试工作，掌握数字孪生技术及其应用场景。

5. 建立健全的支持体系，提供全面支持服务

高职院校应该建立健全的支持体系，为学生提供全面的支持服务，包括心理健康、职业规划、就业指导等方面。高职院校应该注重学生的发展和成长，为学生提供个性化的支持和服务，帮助学生解决问题和困难，提高学生的自信心和自我管理能力。高职院校可以建立心理健康服务中心，为学生提供心理咨询和支持服务，帮助学生调节情绪、缓解压力；可以开设职业规划课程，为学生提供职业规划指导和支持，帮助学生了解职业发展方向和就业市场；可以开设就业指导课程，为学生提供就业指导和支持，帮助学生了解就业市场需求和就业政策，提高学生的就业竞争力。

综上所述，服务军工企业数字化转型的高职院校专业群适应性设计的内涵在于注重实践教学、培养信息化和创新能力、建立产学研合作平台、建立健全的支持体系等方面，从而提高学生的综合素质和能力，帮助学生满足未来职业和生活的需要。同时，高职院校还应该注重教育教学的质量和实效，为军工企业提供高质量的人才支持和服务，促进企业数字化转型和升级。

2.2.4 高职院校专业群建设适应军工企业数字化转型的难点与解决方案

1. 专业群的适应难点

1）人才培养目标需要及时调整

随着数字化转型的推进，军工企业需要更多的数字化转型人才，包括物联网、人工智能、大数据等方面的专业人才。因此，高职院校需要根据市场需求

和产业发展趋势，及时调整人才培养目标和专业设置，确保培养出符合企业需求的人才。

2）教学资源的不足

数字化转型涉及多个学科和领域的知识和技能，对高职院校的教学资源提出了更高的要求。目前许多高职院校缺乏先进的教学设备和实验室，教师队伍也存在水平参差不齐的情况。因此，高职院校需要加强投入，建设先进的实验室和教学设备，招聘高水平的师资队伍，提高人才培养的质量和效果。

3）校企合作的深度和广度不够

高职院校需要加强与军工企业的联系和合作，共同推进数字化转型。目前许多高职院校与军工企业的合作还停留在表层，缺乏深度和广度。高职院校需要更加积极主动地与企业沟通合作，充分了解企业的需求和市场动态，共同研究解决实际问题的方案，提高校企合作的水平和效果。

4）学生实践能力需要提高

数字化转型需要高素质的人才，而高素质的人才需要具备较强的实践能力。目前许多高职院校的实践教学还不够充分，存在理论脱离实际、实践环节单一等问题。高职院校需要加强实践教学环节的设置和管理，提高学生的实际操作能力和解决问题的能力，增强学生的竞争力和就业能力。

5）市场需求与学科布局不完全匹配

高职院校的专业布局需要与市场需求相匹配，但在数字化转型过程中，市场需求可能发生变化，需要不断地调整和优化专业布局。同时，不同的军工企业在数字化转型中的需求也存在差异，高职院校需要针对不同的企业和行业，提供定制化的人才培养方案，增强学生的适应性和就业竞争力。

6）教育模式需要创新

数字化转型涉及新技术、新模式的应用，因此高职院校需要创新教育模式，提高教育与产业的紧密度和适应性。例如，通过引入企业导师、校内创新实验室等方式，加强校企合作，提高学生的实践能力和创新能力。

7）教师队伍的能力需要提升

数字化转型对教师队伍的素质提出了更高的要求，高职院校需要通过持续的教师培训和交流，提高教师的知识水平和教学能力，使其能够更好地适应数字化转型的需求。

总之，高职院校的专业群建设在适应军工企业数字化转型过程中面临的难点较多，需要高校、政府、企业等多方面的合作和努力，共同推动数字化转型人才的培养和产业发展的升级。

2. 可能的解决方案

1）调整人才培养目标和专业设置

高职院校可以通过市场调研和产业对接，及时了解数字化转型领域的最新趋势和企业的需求，调整人才培养目标和专业设置。例如，针对军工企业对物联网人才的迫切需求，开设物联网专业，邀请相关企业的专业人员担任该专业的教师，为学生提供更贴近实际的教学内容和实践机会。或者与企业合作，开展实践教学和实习实训，让学生更好地了解企业的需求和实际工作情况，提升学生的实践能力和就业竞争力。

2）加大教学资源建设力度

高职院校可以加强投入，建设先进的实验室和教学设备，招聘高水平的教师，提高人才培养的质量和效果。例如，采购一批先进的数字化转型实验设备，针对设备的操作和应用，开设相关课程和实践项目，提高学生的实践能力和解决问题的能力。此外，高职院校可以与企业合作，共享教学资源，充分利用企业的先进设备和技术，提高教学资源的利用效率。

3）提升校企合作的深度和广度

高职院校可以加强与军工企业的联系和合作，共同研究解决实际问题的方案，提高校企合作的水平和效果。比如，与军工企业合作开展数字化转型人才培养项目，通过企业导师和高校教师的联合培养模式，针对企业的实际需求和技术难点，为学生提供更具实践性的教育和实践机会。此外，高职院校可以建立校企合作机制，包括教师和企业导师联合培养学生、共同研究项目等，深化校企合作，提高人才培养的适应性和实效性。

4）提高学生实践能力

高职院校可以加强实践教学环节的设置和管理，提高学生的实际操作能力和解决问题的能力，增强学生的竞争力和就业能力。例如，开设数字化转型实践课程和实践项目，让学生有机会接触到实际的数字化转型项目和技术应用，提高学生的实践能力和解决问题的能力。

5）基于市场需求优化和调整专业布局

高职院校可以通过与企业合作、市场调研等方式，了解市场需求和产业发展趋势，及时调整和优化专业布局。例如，基于市场对数字化转型人才的迫切需求，对该领域的专业进行优化和调整，并与企业合作，开展相关实践教学和实习实训，为学生提供更符合企业需求的人才培养方案。

6）采用多元化的教育模式

高职院校可以采用多元化的教育模式，包括在线教育、混合式教学、项目化教学等，提高教育与产业的紧密度和适应性。例如，采用线上教学和实践项目相结合的方式，为学生提供更加灵活的学习方式，同时开展与企业合作的实践项目，提高学生的实践能力和解决问题的能力。

7）提升教师队伍的教学能力和实践能力

高职院校可以通过持续的教师培训和交流，提高教师的知识水平和教学能力，使其能够更好地适应数字化转型的需求。例如，为教师提供数字化转型领域的专业培训和实践机会，鼓励教师参与相关产学研项目，提高教师的实践能力和教学质量，从而更好地培养适应数字化转型的人才。

高职院校增强专业群适应性的本质是要使高职教育更加贴近市场和产业的需求，实现高校与社会的有效对接。这需要高职院校在厘清专业群建设适应行业企业发展的本质、核心、难点的基础上，在专业群设置、教学内容、教学方法、教学资源、校企合作等方面进行全面优化和创新，以适应当前和未来的市场和产业发展趋势。

2.3 高职院校专业群适应性设计对学生就业竞争力的影响机制分析

2.3.1 高职院校毕业生的就业竞争力

1. 就业竞争力的定义

就业竞争力是指一个个体在就业市场上与其他求职者相比，获得就业机会的能力和优势。它是个人的技能、知识、经验、教育背景、人际关系和其他相关因素的综合表现。

就业竞争力的定义具体包括以下几个方面：

1）技能和知识

就业竞争力与个体所具备的专业技能、行业知识和相关领域的能力密切相关。这包括具体的技术技能、工作经验、学术背景等。

2）教育背景

个体所获得的教育程度和学历也是就业竞争力的重要组成部分。较高的学历在某些行业和职位中可能具备更大的竞争优势。

3）经验和实践

拥有与目标职位或行业相关的实习、兼职、志愿者工作或其他相关经验可以增加个体的就业竞争力。这些经验可以展示个体的实际能力和适应性。

4）沟通和人际关系

良好的沟通能力、人际关系和社交技巧对于提高个人就业竞争力也发挥着重要作用。与他人有效地交流、建立合作关系和利用人际网络，有助于个人获得更多的就业机会。

5）适应能力和学习能力

就业市场在不断变化，个体的适应能力和学习能力对于保持就业竞争力至关重要。能够快速适应新技术、新工作环境和需求变化的个体更具竞争力。

6）自我营销和个人品牌

个体的自我营销能力和个人品牌建设也对就业竞争力有影响，能够有效地展示自己的优势、成就和价值主张，以及塑造积极的个人形象，有利于在就业市场中脱颖而出。

2. 高职院校毕业生就业竞争力的构成

高职院校毕业生的就业竞争力是指通过职业教育和培训机构获得的专业技术和职业技能，在就业市场上与其他求职者竞争并获得就业机会的能力。高职院校毕业生就业竞争力的定义强调以下几个方面：

1）职业教育和培训

高职院校毕业生在职业教育和培训机构接受专业技术和职业技能的培养，他们的就业竞争力与所学专业技能的质量和市场需求的匹配度密切相关。

2）实践经验和工作能力

高职教育通常注重实践能力的培养，高职院校毕业生通过实习、实训和项目实践等实践机会获得相关工作经验，这些经验对他们提升自己的就业竞争力具有重要意义。

3）专业素养和适应性

高职院校毕业生在特定领域或行业中获得的专业素养和适应能力，使他们更具竞争力。这包括行业相关的知识、技能和特定的职业素养。

4）职业导向和市场需求

高职教育的目标是培养满足市场需求的职业人才，因此高职院校毕业生的就业竞争力与目标行业的需求和市场情况密切相关。

5）职业规划和就业辅导

高职教育机构通常提供职业规划和就业辅导服务，帮助毕业生了解就业市场、制定职业目标、提升就业技能和自我营销能力。

高职院校毕业生的就业竞争力仍然受到一般就业竞争力定义中提到的其他因素的影响，如沟通能力、人际关系和个人品牌等。但高职院校毕业生的就业竞争力更加注重他们通过职业教育和培训获得的专业技术和职业技能，以及与目标行业的匹配度和实践经验。

3. 高职院校毕业生就业竞争力的影响因素

尽管高职院校毕业生就业竞争力因不同的行业、地区和个人情况而有差异，但总的说来，影响高职院校毕业生就业竞争力的常见因素有以下五点：

1）专业技能和知识水平

高职院校毕业生的专业技能和知识水平是构成就业竞争力的重要因素。用人单位通常希望招聘到具备实际操作能力和专业知识的人才。高职院校毕业生在校期间是否进行了与所从事行业和岗位相关的实际技能培训，以及是否具备实践经验，都会对其就业竞争力产生影响。

2）实习和实践经验

高职院校毕业生在校期间参加过的与专业相关的实习和实践活动，如校企合作实习、实验室项目、社会实践等，对提升其就业竞争力具有积极影响。这些经验能够展示毕业生解决问题的能力和团队合作的能力，提升其在职场中的竞争力。

3）综合素质和软技能

除了专业技能，高职院校毕业生的综合素质和软技能也是就业竞争力的重要组成部分。这包括沟通能力、团队合作能力、领导能力、问题解决能力、创新能力、自我管理能力等。这些能力能够帮助高职院校毕业生在工作中适应变化、与人合作、解决问题，并展示出潜力和成长空间。

4）行业和就业市场需求

就业竞争力还受到自身所从事行业和就业市场的需求影响。由于一些行业和职位很受毕业生欢迎，因而竞争可能更加激烈。了解自身所从事行业的就业趋势、需求和发展方向，有助于高职院校毕业生做出合适的职业规划和就业选择。

5）沟通和人际关系能力

良好的沟通能力和人际关系能力对于高职院校毕业生的就业竞争力至关重要。有效地表达自己、与他人合作、建立良好的人际关系，有助于高职院校毕业生在职场中与同事、上级和客户进行良好的互动。

2.3.2 高职院校的专业群适应性设计

1. 高职院校专业群适应性设计的本质及基本特征

高职院校专业群适应性设计的本质是根据劳动力市场的需求和行业发展趋势，为学生提供与实际职业需求相匹配的专业培养方案和课程设置。它旨在确保学生在毕业后具备就业竞争力，能够适应快速变化的职业环境，并为其未来的职业发展打下坚实基础。

高职院校专业群适应性设计有以下几个基本特征：

1）行业导向

适应性设计的关键是将专业群与现实行业需求相对接。适应性设计以市场对特定行业的需求为基础，确保所提供的专业课程和培养方案与行业标准和技术发展保持一致。例如，在信息技术专业群的适应性设计中，学校可能与当地的科技公司进行合作，了解行业的最新需求和技术趋势，并根据这些信息更新课程设置，以确保学生毕业后具备与行业需求相匹配的技能。

2）实践导向

适应性设计强调实践能力的培养。它包括提供实习机会、实训项目和与实际工作相关的课程模块，旨在让学生通过实践经验获得行业所需的技能和知识。比如，在工程技术专业群的适应性设计中，学校可以提供实习机会给学生，使他们能够在实际工作中应用所学知识，并与行业专业人士合作完成实际项目，从而培养学生的实践能力和解决问题的能力。

3）跨学科融合

适应性设计倡导跨学科的融合。它可以结合多个学科领域的知识，打破传统学科之间的界限，培养学生的综合能力和解决问题的能力。例如，在创意设计专业群的适应性设计中，学校可以将设计、艺术和科技领域的知识进行跨学科的融合。学生可以学习与设计相关的技术知识，如计算机辅助设计软件和虚拟现实技术，以拓宽他们的设计能力，培养他们的创新思维。

4）灵活性和敏捷更新

适应性设计需要具备灵活性和更新性，以应对快速变化的职业环境和技术发展。它应该能够及时调整课程设置、更新教材和培养方案，以确保学生获得最新的职业技能和知识。比如，在商务管理专业群的适应性设计中，学校可以定期评估当前的商业趋势和市场需求，并相应地更新课程内容和教学方法。这样可以确保学生获得最新的商业知识和技能，以适应快速变化的商业环境。

5）职业规划和就业服务

适应性设计应该包括职业规划和就业服务的支持。学校可以提供就业指导、实习安排、职业规划辅导等资源，帮助学生在毕业后成功就业或继续深造。比如在护理专业群的适应性设计中，学校可以提供职业规划辅导和就业服务，包括帮助学生规划自己的职业发展路径，提供实习和就业机会，以及提供专业的培训和认证，以增加学生在医疗行业中的就业竞争力。

6）质量保障和评估

适应性设计需要建立有效的质量保障和评估机制，以确保培养方案和课程的质量和有效性。这包括对教师素质的要求、学生学习成果的评估以及与行业合作伙伴的密切关系。比如在酒店管理专业群的适应性设计中，学校可以建立与行业合作伙伴的紧密联系，定期进行质量评估和监督，以确保培养方案和课程设置符合行业标准，并满足酒店管理领域的需求。

适应性设计的目标是培养具备实际职业所需技能和知识的毕业生，使他们能够迅速适应职业环境，具备就业竞争力，并为行业的发展和创新作出贡献。

2. 高职院校专业群适应性设计与学生就业竞争力的关系

高职院校专业群的适应性设计与学生就业竞争力之间存在密切的关系。高职院校专业群通过与就业市场的对接、实践能力的培养、跨学科综合能力的提升以及就业辅导和支持的提供,使学生具备与就业市场需求相匹配的背景和技能，从而增强他们在就业竞争中的优势。

1）就业导向

高职院校专业群的适应性设计强调与就业市场的对接,将课程设置和培养方案与实际行业需求相结合。通过了解就业市场的趋势和行业需求，学校可以调整课程内容和教学方法,确保学生毕业后具备与就业市场需求相匹配的背景和技能。这样，学生在求职时能够更好地满足雇主的需求，提高就业竞争力。

2）实践能力培养

适应性设计注重培养学生的实践能力。通过提供实习机会、实训项目和与实际工作相关的课程，学生能够在真实的职业环境中应用所学知识，提升实践操作能力。具备实践经验的学生更容易在就业市场上脱颖而出，因为雇主更倾向于招聘那些具备实际工作经验的候选人。培养学生的实践能力能够增强学生的就业竞争力。

3）跨学科综合能力

适应性设计倡导跨学科的融合,使学生能够获得多个学科领域的知识和技能。这种综合能力的培养使学生能够跨越单一学科的边界，应对复杂的职业问题。在当今多变的就业市场中，培养跨学科综合能力对于学生提高就业竞争力至关重要。

4）就业辅导和支持

适应性设计强调就业辅导和支持的重要性。学校提供就业指导、求职技巧培训、职业规划辅导等资源，帮助学生了解就业市场的要求，提升求职技能，并为他们提供就业机会和实习机会。这些支持措施能够增强学生的就业竞争力，使他们更好地准备和应对求职过程中的挑战。

3. 高职院校专业群适应性设计的中介作用

中介作用指的是专业群适应性设计通过影响某些因素来间接地影响学生的就业竞争力。高职院校专业群适应性设计在学生就业竞争力和其影响因素之间主要有以下几个方面的中介作用：

1）确保知识、技能与就业市场需求相匹配

适应性设计确保学生所学的知识和技能与就业市场需求相匹配。这种匹配度可以作为中介变量，通过影响学生掌握的知识和技能水平来间接影响就业竞争力。如果学生所学的知识和技能与就业市场需求高度匹配，他们在求职过程中更可能满足雇主的要求，从而提高竞争力。

2）培养学生实践能力

适应性设计注重培养学生的实践能力。实践能力可以作为中介变量，通过影响学生在实际工作环境中的表现和实践经验来间接影响就业竞争力。具备丰富实践经验和实践能力的学生更有可能在求职过程中展示出自己的能力和优势，提高竞争力。

3）培养学生跨专业综合能力

适应性设计倡导跨专业的融合，培养学生的综合能力。跨专业综合能力可以作为中介变量，通过影响学生的综合能力水平来间接影响就业竞争力。跨专业综合能力使学生能够综合运用不同领域的知识和技能解决问题，提升学生在职业环境中的适应性和灵活性，从而提高竞争力。

4）为学生提供就业辅导和支持

适应性设计强调为学生提供就业辅导和支持。这些就业辅导和支持可以作为中介变量，通过提供求职技巧培训、职业规划指导和就业机会等资源来间接影响就业竞争力。通过接受专业的就业辅导和支持，学生可以提升求职技能和自信心，获得更多的就业机会，增强竞争力。

2.3.3 高职院校专业群适应性设计影响学生就业竞争力的关键路径

1. 提高学生知识、技能和就业市场需求的匹配度

专业群适应性设计通过就业市场调研、实践导向教学、跨学科融合和职业规划指导等方式，影响学生的知识和技能水平与就业竞争力之间的匹配度。这种匹配度的提高使学生能够更好地满足就业市场的需求，增加其在求职过程中的竞争力。

1）开展就业市场调研

适应性设计要求学校与就业市场保持密切联系，了解行业的需求和趋势。通过与雇主、行业协会等建立合作关系，学校可以获取有关就业市场的信息，包括对于特定职业所需的知识和技能。这样，学校可以根据市场需求调整课程设置，确保学生所学的知识和技能与就业市场匹配度较高。

2）进行实践导向教学

适应性设计注重培养学生的实践能力。通过参与实训项目和与实际工作相关的课程，学生能够将所学知识应用于实践中，提升实践操作能力。以实践为导向的教学可以使学生更好地理解和掌握自己所学的知识和技能，使其更具实用性和就业竞争力。

3）提供职业规划和指导

适应性设计强调就业规划和指导。学校可以通过就业辅导和职业指导帮助学生了解就业市场的要求和趋势，进行个人定位和职业规划。这样，学生可以根据自身的兴趣、能力和市场需求来选择适合自己的专业和职业方向，提高知识和技能与就业市场需求的匹配度。

2. 培养学生的实践能力

专业群适应性设计可以通过以下方式来培养学生的实践能力，从而提高他们的就业竞争力：

1）提供实习和实训机会

适应性设计注重为学生提供实习和实训机会，使他们能够在真实的职业环

境中应用所学知识和技能。通过参与实习和实训项目，学生可以获得与专业相关的实践经验，了解职业要求和工作流程，提高实践能力。

2）以项目驱动学习

适应性设计将实际项目纳入课程中，使学生在解决实际问题的过程中培养实践能力。学生可以参与团队项目，在团队合作中运用专业技能解决问题并产生实际成果。这样的项目驱动学习可以锻炼学生的实践能力和团队合作能力，提高他们在职场中的竞争力。

3）模拟实践环境

适应性设计可以模拟真实的职业环境，为学生提供实践机会。例如，通过搭建实验室、工作室或模拟企业环境，学生可以在与真实工作场景类似的环境中进行实践。这种实践环境可以使学生熟悉职场文化和工作流程，培养实践能力和适应性。

4）进行行业合作与导师指导

适应性设计鼓励学校与行业建立合作关系，并邀请行业专家担任导师。行业合作可以为学生提供与行业专业人士接触的机会，了解行业动态和要求。导师可以向学生传授实践经验和实用技巧，帮助他们发展实践能力和职业素养。

5）建立反馈和评估机制

适应性设计通过设立反馈和评估机制来帮助学生改善实践能力。教师和导师可以对学生的实践表现进行评估，并提供具体的反馈和建议。这样的反馈和评估机制可以帮助学生认识到自身的优势和改进的方向，促进其实践能力的提升。

通过以上实践，专业群适应性设计可以培养学生的实践能力，使他们能够在真实工作场景中展示出自己的能力和优势。具备实践能力的学生在求职过程中更具竞争力，能够更好地适应职业发展的需求和挑战。

3. 培养学生跨学科综合能力及灵活性

适应性设计通过以下方式来培养学生的跨学科综合能力和灵活性：

1）设置跨学科课程

适应性设计可以将不同学科领域的知识和技能融入课程设置中。例如，设计跨学科的项目或课程，要求学生从多个学科角度进行学习和思考，以解决实际问题。这样的课程设置可以促使学生在不同学科领域之间建立联系，培养他们的综合思考和分析能力。

2）开展跨学科合作与交流

适应性设计鼓励学生在团队项目中与来自不同专业的学生合作。通过与其他专业学生的合作，学生可以了解不同专业学生的观点、方法和技能，从而培养跨学科的合作能力。在这样的合作过程中，学生需要灵活运用自己的专业知识，并理解其他学科的要求，不断提升自己的综合能力。

3）跨学科解决问题

适应性设计强调培养学生解决实际问题的能力。实际问题通常涉及多个学科领域，需要学生综合运用不同学科的知识和技能来解决。通过提供跨学科的问题情境，学生跨越学科边界，进行综合思考和综合应用。这样的问题解决过程可以培养学生的综合能力，提升学生解决问题的灵活性。

4）提供跨学科导师指导

适应性设计可以提供跨学科导师指导，让学生在课程和项目中得到综合性的指导和支持。跨学科导师可以帮助学生了解不同学科的知识和技能，指导他们在解决问题时综合运用多个学科的视角和方法。这样的指导可以促进学生跨学科思维和灵活性的培养。

通过以上的教育策略和实践，适应性设计可以促进学生的跨学科综合能力和灵活性的提升，使学生能够从多个学科领域获取知识和技能，更好地适应复杂的职业环境，并创新解决方案。

4. 为学生提供就业辅导与支持

专业群适应性设计可以通过以下方式为学生提供就业辅导和支持：

1）提供就业咨询和指导

学校可以设立专门的就业咨询中心或职业发展中心，为学生提供个性化的就业咨询和指导。就业顾问可以帮助学生了解就业市场趋势、行业需求和职业发展路径，并提供就业建议和资源。

2）提供职业技能培训

专业群适应性设计可以包括职业技能培训，帮助学生掌握就业所需的实践技能和工具。这可能涉及简历和求职信的撰写、面试技巧的培训、职业社交媒体的使用等。通过培训，学生可以提升自己的就业竞争力。

3）提供实习和实践机会

专业群适应性设计可以积极寻找与行业合作的实习和实践机会，为学生提供实践经验和与职业界的接触机会。这些实习和实践机会可以帮助学生将所学知识应用于实际工作中，增加他们的就业机会。

4）提供行业合作和导师支持

专业群适应性设计方案涉及与行业建立合作关系的措施，比如邀请行业专家参与课程设计和项目指导。行业合作可以帮助学生了解行业要求和趋势，获得实际工作经验，并与行业人士建立联系。导师可以给予学生与行业导向相关的建议和指导，帮助他们规划职业发展路径。

5）提供就业资源和网络

专业群适应性设计涉及就业资源和网络，包括就业信息平台、校友网络和职业发展活动。这些资源可以帮助学生获得就业机会、拓展职业人脉、参与职业发展活动，并提高他们的就业竞争力。

通过以上的支持和辅导，专业群适应性设计可以帮助学生更好地准备就业，了解行业需求，提升自己的就业竞争力，并成功地进入他们所选择的职业领域。

2.3.4 专业群适应性设计提升高职院校毕业生就业竞争力的案例

以下是以重庆电讯职业学院为例，展示其通过军工数字化专业群适应性设计，提升毕业生就业竞争力的行动方案。

1. 行业调研和课程更新

（1）成立军工数字化专业群行业调研小组，与国防科研机构、军工企业和军事专家保持密切联系，了解军工数字化领域的最新技术发展和需求。

（2）根据调研结果，更新课程内容，增加与军工数字化相关的核心知识和技能。例如，引入人工智能、大数据分析和网络安全等内容，以满足军工数字化专业群的需求。

2. 加强与行业合作伙伴的合作

（1）建立与军工企业的战略合作关系，共同开展研发项目。例如，与某军工企业合作，开展数字化仿真训练项目，给学生提供参与军工实践的机会。

（2）与军事院校和国防科研机构合作，共同组织军事技术研讨会和学术交流活动，促进学术与实践的结合。

3. 提供多样化的实践机会

（1）与军工企业签署实习合作协议，为学生提供在军工企业实习的机会。例如，学生可参与某军工企业的数字化产品研发和测试工作。

（2）设立军工数字化实验室，提供学生进行军工数字化系统设计和仿真实验的场所。例如，学生可以利用实验室进行军事通信网络的安全性测试和优化。

4. 强化综合能力培养

（1）开设跨学科课程或项目，培养学生的综合能力和解决复杂问题的能力。例如，开展军工数字化系统集成项目，要求学生在团队中负责设计、编程和测试等多个环节。

（2）引入军事案例分析和军事战略模拟训练，培养学生的实际应用能力和军事思维。

5. 提供个性化的职业发展支持

（1）设立军工数字化职业发展中心，为学生提供个性化的职业咨询和指导服务。例如，提供针对军工数字化领域的职业规划指导和行业就业信息。

（2）与军工企业合作，举办军工数字化专场招聘会和校企对接活动，为学生提供与军工企业面对面交流的机会。

6. 建立评估和反馈机制

（1）设计学生和行业合作伙伴的满意度调查问卷，定期收集反馈意见。例如，学生可以评价实习项目的实际效果和其对军工数字化能力的提升程度。

（2）定期召开评估会议，邀请教师、学生和军工合作伙伴共同讨论评估结果，并提出改进意见和行动计划。

7. 关注整体教育质量

（1）投入资源提升教师的军工数字化领域专业素养和教学能力。例如，组织教师参加军工数字化领域的培训和学术研讨会，更新教学知识和技能。

（2）更新教学设施和实验室设备，确保与军工数字化领域的最新技术保持同步。例如，引入先进的军事仿真软件和设备，为学生提供实践操作的机会。

（3）进行课程评估和教学质量评价，收集学生和教师的反馈意见。通过定期教学质量评估，发现问题并及时采取改进措施，提升教学效果和学生满意度。

（4）加强与相关军事科研机构和军工企业的合作，建立实习基地和联合实验室，为学生提供更多的实践机会和专业资源。

（5）定期举办学术研讨会和行业交流活动，邀请国内外军工数字化领域的专家学者和企业代表，分享最新的研究成果和技术应用，促进教育与实践的融合。

（6）建立校企合作的长期机制，与军工企业签署战略合作协议，共同推动军工数字化领域的教学、科研和产业发展。

（7）建立学生评价和毕业生追踪机制，跟踪毕业生在军工数字化领域的就业情况和职业发展，根据反馈意见进一步完善教育方案和培养目标。

3

PART THREE

成渝地区军工数字化专业群适应性设计的需求分析

3.1 成渝地区军工企业的数字化转型趋势与人才需求分析报告

3.1.1 成渝地区军工企业的发展历程

三线建设是指 20 世纪六七十年代为了国防安全而在我国中西部地区进行的一系列基础设施和工业项目建设。在三线建设时期，成渝地区建设了大量的军工企业，为国防事业作出了重要贡献。随着时代的变迁，成渝地区军工企业也逐渐开始了数字化转型升级，成为具有较强技术和创新能力的现代化企业。成渝地区军工企业发展历程如表 3-1 所示。

表 3-1　成渝地区军工企业发展历程

时间	事件
1964 年	中共中央决定在我国中西部地区开展三线建设，成渝地区被列为重要的建设区域
1980—1990 年	成渝地区军工企业逐渐进入市场化发展阶段，开始向民用领域转型
1990—2000 年	成渝地区军工企业逐渐实现了转型升级，开始向高新技术领域发展
2000—2010 年	成渝地区军工企业开始积极响应国家“军民融合”战略，加强了与民用领域的合作
2010 年后	成渝地区军工企业不断提高技术水平和创新能力，实现了高质量发展，为国家的经济和国防事业作出了重要贡献

3.1.2 成渝地区军工企业的重要作用

成渝地区军工企业在成都和重庆的经济发展中具有重要地位，其作用主要表现在以下几个方面：

1. 产业支柱作用

成渝地区军工企业是两地经济发展的重要支柱之一，其在制造业、高新技术产业和战略性新兴产业中的地位十分重要，不仅带动了相关产业的发展，为当地提供了大量的就业机会，而且成为成渝地区制造业的重要代表，推动了区域制造业的转型升级。

2. 技术创新引领作用

成渝地区军工企业是两地经济的技术创新引领者。这些企业不仅推进了军工行业工艺和设备的升级，为国防建设和国家安全作出了重要贡献，还通过不断引进新技术、新设备，推动了相关产业技术水平和创新能力的提升。

3. 就业和税收贡献

成渝地区军工企业在两地经济中的就业和税收贡献也非常显著。这些企业为当地提供了大量的就业机会和税收收入，是两地经济的重要支柱，在当地拥有上万名员工，为当地经济发展作出了重要贡献。

4. 促进地方经济转型升级

成渝地区军工企业的发展，推动了两地经济结构转型升级，对于促进区域经济高质量发展具有不可替代的作用，主要体现在以下几个方面：

（1）推动传统产业升级改造：军工企业拥有先进的技术和管理经验，可以通过技术转移、人才交流等方式，带动传统产业进行技术改造和产品升级，提高产品附加值和市场竞争力，实现传统产业的转型升级。

（2）促进技术溢出和扩散：军工企业拥有先进的技术和丰富的研发经验，通过人才流动、技术转移等机制，能够带动相关企业和行业的技术进步，提升地方的整体创新能力，推动地方经济由要素驱动向创新驱动转型。

（3）优化产业结构：军工企业的发展能够吸引上下游企业聚集，形成产业集群效应，优化地方产业结构，提升产业链现代化水平，增强区域经济的整体竞争力。

（4）促进城市功能提升：军工企业往往布局在特定区域，其发展可以带动周边基础设施建设、提升公共服务水平，进而促进城市功能提升和区域协调发展。

3.1.3 成渝地区军工企业的数字化转型现状

成渝地区军工企业数字化转型已经开始，并取得了一定的进展，以下是成渝地区军工企业数字化转型的主要方向。

1. 数字化设计和制造

成渝地区军工企业采用数字化设计和制造技术，利用计算机辅助设计（CAD）、计算机辅助制造（CAM）和3D打印等技术，提高产品质量和生产效率。比如，转型后的军工企业采用CAD/CAM系统，实现了数字化设计和制造，提高了产品制造效率和质量；引进数字化制造技术，并利用3D打印技术制造高温合金零部件，提高了产品的抗腐蚀和抗高温能力；启用数字化制造系统，采用数字化加工、数字化装配和数字化检测等技术，提高了飞机的质量和生产效率。

2. 数据分析和智能制造

成渝地区军工企业应用大数据技术，对生产过程进行监控和优化，提高了生产效率和质量；引进智能制造技术，实现了自动化生产，降低了生产成本和人工错误率；采用人工智能技术，实现了智能化生产调度和质量控制，提高了生产效率和产品质量。

3. 供应链数字化

成渝地区军工企业采用区块链技术，实现了供应链信息共享和透明化，提高了供应链效率和质量；应用物联网技术，实现了供应链物流信息实时监控和管理，提高了供应链效率和可靠性；推动供应链数字化转型，实现了供应链各环节信息流和物流的无缝对接，提高了供应链效率和可控性。

3.1.4 成渝地区军工企业数字化转型后的人才需求变化

成渝地区军工企业数字化转型后，对人才的需求发生了两个重要变化：

1. 传统岗位的消失

（1）重复性劳动岗位。数字化转型可以自动化或半自动化完成一些重复性的劳动，因此一些需要重复操作的岗位可能会消失。

（2）传统机械制造岗位。数字化制造技术可以实现更高效、更精准的生产，因此一些传统的机械制造岗位可能会减少。

（3）手工制造岗位。数字化制造技术可以实现 3D 打印等自动化生产，因此一些需要手工制造的岗位可能会减少。

2. 数字化岗位的出现

（1）数字化技术人才的需求增加。在数字化转型过程中，企业需要更多的数字化技术人才，如软件工程师、数据分析师、人工智能工程师、物联网工程师等，以帮助企业实现数字化转型和提升数字化能力。

（2）管理和运营人才的需求增加。数字化转型需要更高水平的管理和运营能力，企业需要更多的数字化管理和运营人才，如数字化营销专家、数字化运营专家、供应链数字化管理专家等，以提升企业数字化转型过程的效率和质量。

（3）多元化人才的需求增加。数字化转型后的军工企业需要更多具备跨领域和多元化技能的人才，如具备工业设计、人机交互等综合技能的全能型人才，以满足企业在数字化转型过程中的多元化需求。

（4）人才培养与教育需求增加。数字化转型需要企业员工具备数字化技术和管理知识，因此企业需要加强员工的数字化转型培训和教育，包括数字化技术培训、管理知识培训等。

3. 数字化转型后的人才需求和培养路径

根据课题组对数字化转型中的部分军工企业的调研和访谈，在新增加的岗位中，对高职院校毕业生开放的岗位群主要有四类，其能力要求和岗位职责如表 3-2 所示。

表 3-2　对高职院校毕业生开放的岗位群及其能力要求和岗位职责

岗位群	岗位	能力要求	岗位职责	培养方式
数字化技术	计算机软件开发工程师	掌握多种编程语言和软件开发工具，如 Java、Python、C++、Eclipse、Visual Studio 等；具备较强的编程能力、数据结构和算法基础；熟悉软件工程的开发流程和规范	根据用户需求设计软件架构，编写高质量的代码，进行软件测试和维护，并且按时交付软件产品	参加计算机科学、软件工程、数据结构与算法等相关课程，参加开源社区、技术论坛等的交流和学习
	系统集成工程师	掌握多种系统集成技术，如网络、数据库、云计算等；了解不同系统之间的通信协议和数据交换方式，以及如何将不同系统进行整合和优化	根据企业业务需求，设计和实现系统集成方案，解决系统之间的兼容性和数据共享问题，提高系统整体性能和稳定性	参加网络技术、数据库管理、云计算等相关课程，或者参加行业协会、专业论坛等的学习和交流
数据管理与分析	数据管理员	掌握数据采集、清理、存储、备份和恢复等技术；熟悉数据库管理和维护、数据安全和隐私保护等方面的知识	能够对数据库进行管理和维护，确保数据的完整性和安全性，并且根据需求进行备份和恢复操作	学习数据库管理、数据安全、备份恢复等相关课程，或者参加数据库管理论坛、技术交流会等的交流和学习
	数据分析师	具备较强的数据分析和可视化能力；熟悉数据挖掘、统计学等方面的知识	能够对数据进行清洗和预处理，进行数据建模和分析，并且根据分析结果进行可视化和呈现	学习数据分析、数据挖掘、统计学等相关课程，或者参加数据分析竞赛、行业研讨会等的交流和学习

续表

岗位群	岗位	能力要求	岗位职责	培养方式
数字化营销与运营	数字化项目经理	具备较强的项目管理和团队协作能力；熟悉数字化营销和运营等方面的知识	能够对数字化项目进行规划、设计和实施，并且根据项目需求进行协调和管理	学习项目管理、数字化营销、运营管理等相关课程，或者参加项目管理论坛、行业研讨会等的交流和学习
	数字化营销专员	具备较强的市场营销和数字化营销能力；熟悉社交媒体、搜索引擎优化等数字化营销工具和技术	能够通过社交媒体平台、搜索引擎等数字化渠道进行市场推广和品牌宣传，并且根据数据分析进行优化和调整	学习市场营销、数字化营销、社交媒体营销等相关课程，或者参加数字化营销研讨会、行业交流会等的交流和学习
物联网技术	物联网工程师	较强的物联网技术和应用能力；熟悉传感器、无线通信、云计算等相关技术	能够根据用户需求设计和实现物联网系统，包括传感器节点、数据采集和处理、通信协议等，并且根据数据分析进行优化和调整	学习物联网技术、无线通信、云计算等相关课程，或者参加物联网研讨会、行业交流会等的交流和学习
	物联网产品经理	较强的产品设计和项目管理能力；熟悉物联网技术和市场趋势等方面的知识	能够根据市场需求和技术趋势设计和规划物联网产品，包括硬件设备、软件平台、云服务等，并且根据市场反馈进行优化和调整	学习产品设计、项目管理、物联网技术等相关课程，或者参加物联网产品设计竞赛、行业研讨会等的交流和学习

总之，数字化转型后，成渝地区军工企业需要更多具备数字化技术、数据管理与分析、数字化营销与运营和多元化背景的协作人才。这些人才需要具备相关的技能和知识，并且需要不断更新自己的知识和技能，以适应数字化转型的需求。同时，这些人才还需要具备较强的沟通和协作能力，能够有效地与不同领域的人员进行协作和沟通，为企业的数字化转型创造更多的价值。

3.2 成渝地区军工企业数字化岗位群及教育教学需求分析

军工企业作为高度技术密集型的行业，近年来面临着数字化转型的重大挑战和机遇。数字化技术的迅猛发展为军工企业带来了全新的生产模式和工作方式，需要依托先进的信息技术，提高生产效率、优化资源配置，并确保产品的高质量和安全性。在这一背景下，军工企业对数字化岗位的需求不断增加，对人才的知识技能和素质提出了更高的要求。

本书基于对成渝地区军工企业的调研和访谈，梳理了一张“成渝地区军工企业数字化岗位群及课程与教学适应性设计”表，旨在系统地介绍成渝地区数字化转型后军工企业涌现的五类初始岗位及其职责、主要任务、知识点、技能点，以及相应的项目化课程内容和综合学习情境设计。

第一，在数字化岗位群中，数字化系统运维员承担着维护和管理数字化系统的职责，负责确保系统的正常运行和故障排除。其主要任务包括监控系统运行状态、处理故障和异常情况，并进行系统性能分析和优化。为胜任这一岗位，数字化系统运维员需要具备扎实的计算机网络知识、操作系统和数据库管理技能，熟悉相关的软硬件配置和维护方法。

第二，数据分析师是数字化岗位群中的重要角色，负责对生产数据和运营数据进行分析和挖掘，提供决策支持和业务优化建议。数据分析师需要具备统计学和数据分析的知识，熟悉常用的数据分析工具和算法，能够有效处理大数据并提取有价值的信息。

第三，航空电子技术员在数字化转型后的军工企业中扮演着关键角色。他们负责航空电子设备的安装、调试和维护，确保设备的可靠性和性能稳定。航空电子技术员需要具备电子技术基础知识，熟悉航空电子设备的工作原理和维修流程，能够灵活应对设备故障和问题。

第四，信息安全专员是军工企业数字化岗位群中不可或缺的一员。他们负责保护企业的信息系统和数据安全，预防和应对网络攻击和数据泄露风险。信息安全专员需要具备网络安全和加密技术的知识，熟悉信息安全管理和事件响应的流程，能够制定有效的安全策略和措施。

第五，无人系统操作员是数字化岗位群中新兴的职业，随着无人系统技术的广泛应用，他们负责操作和控制无人系统的飞行和任务执行。无人系统操作员需要具备无人系统的相关知识，熟悉操作界面和控制手段，能够灵活应对不同的任务需求和环境变化。

为了培养适应军工企业数字化岗位需求的高素质人才，相应的课程与教学适应性设计必须制定有针对性的培养方案。通过项目化课程设计，学生可以在模拟真实的工作场景中进行实践，学习并掌握所需的知识和技能。综合学习情境设计则为学生提供了综合性的学习任务，使学生能够在跨学科和跨岗位的情境中进行合作和解决问题，培养沟通、协作和创新能力。

本书所提供的“成渝地区军工企业数字化岗位群及课程与教学适应性设计”表，旨在为军工企业培养人才的高职院校提供参考，帮助其调整课程设置和教学方法，以更好地培养适应军工企业数字化生产线的高职院校毕业生。通过与军工企业的密切合作，高职院校可以了解企业对人才的需求，根据实际情况进行课程改革和创新，使教育与产业需求更加紧密结合，为军工企业数字化转型提供有力的人才支持（见表 3-3）。

需要注意的是，本书的范围和深度可能受限于调研的样本选择和时间限制。进一步的研究可以通过扩大样本规模和深入调研，以及与更多军工企业的合作，获得更全面和准确的数据和见解，为高职院校的人才培养提供更具体和更有针对性的建议。

表 3-3　成渝地区军工企业数字化岗位群及课程与教学适应性设计

岗位	初始岗位	岗位职责	主要任务	知识点	技能点	项目化课程内容	综合学习情境设计
数字化系统运维员	网络运维员	1. 负责网络设备的安装、配置和维护，确保网络的正常运行。 2. 监控网络性能，及时发现并解决网络故障	1. 安装、配置和维护网络设备，如交换机、路由器等。 2. 监控网络性能，识别和解决网络故障。 3. 进行网络设备的升级和补丁管理	网络设备原理、网络协议、网络安全基础、网络拓扑等	网络设备配置与管理、网络故障排除、网络监控与分析、网络设备升级与维护	1. 配置和管理网络设备： （1）学习网络设备的基本原理和功能。 （2）实践配置和管理交换机、路由器等网络设备。 2. 网络故障排除和监控： （1）学习网络故障排查的方法和工具。 （2）实践使用网络监控工具进行性能监测和故障诊断	1. 数字化系统基础知识学习： （1）学习数字化系统的基本概念、原理和技术。 （2）了解数字化系统的组成部件和工作原理。 （3）掌握数字化系统的通信协议和数据传输技术。 2. 系统运维和故障排除学习： （1）学习数字化系统的运维管理方法和流程。 （2）掌握系统故障排除的技巧和故障诊断方法。 （3）了解常见的系统故障和故障恢复策略。
	服务器运维员	1. 管理和维护服务器硬件和操作系统，确保服务器的稳定运行。 2. 配置和管理服务器的网络和存储资源	1. 安装、配置和维护服务器硬件和操作系统。 2. 监控服务器性能，包括CPU、内存、磁盘等资源的利用率。	服务器硬件原理、操作系统（如Linux、Windows）、服务器虚拟化、存储管理等	服务器硬件安装与配置、操作系统管理、服务器性能监控与优化、存储资源管理	1. 服务器硬件安装和配置： （1）学习服务器硬件的组成和安装步骤。 （2）实践配置服务器硬件和操作系统。	

续表

岗位	初始岗位	岗位职责	主要任务	知识点	技能点	项目化课程内容	综合学习情境设计
数字化系统运维员	服务器运维员		3. 配置和管理服务器的网络和存储资源			2. 服务器性能监控和优化： （1）学习服务器性能监控的指标和工具。 （2）实践优化服务器资源利用和性能调优	3. 数据管理和安全学习： （1）学习数字化系统的数据管理方法和技术。 （2）了解数据备份和恢复的策略和工具。 （3）掌握数据安全和隐私保护的基本原则和措施。 4. 网络和通信技术学习： （1）学习网络基础知识和通信协议，如 TCP/IP、以太网等。 （2）了解网络设备的配置和管理方法。 （3）掌握网络故障排除和网络安全的基本技术。

续表

岗位	初始岗位	岗位职责	主要任务	知识点	技能点	项目化课程内容	综合学习情境设计
数字化系统运维员							5. 实践项目和实习经验： （1）参与数字化系统的实践项目，如系统部署和配置。 （2）参与军工企业的实习项目。 （3）了解实际应用场景和需求。 （4）进行数字化系统的运维操作和故障排除实训，掌握实际技能和具备应对复杂情况的能力
	数据库运维员	1. 负责数据库的安装、配置和维护，确保数据库的高效和安全运行。 2. 监控数据库性能，进行性能优化和故障排除	1. 安装、配置和维护数据库系统，如Oracle、MySQL等。 2. 进行数据库备份和恢复，确保数据的完整性和可用性。	数据库管理系统（如Oracle、MySQL）、SQL语言、数据库备份与恢复、数据库性能优化等	数据库安装与配置、备份与恢复策略、SQL查询与优化、故障排除与修复	1. 数据库安装和配置： （1）学习常见数据库管理系统的安装和配置步骤。 （2）实践安装和配置数据库系统。 2. 数据库备份和性能优化： （1）学习数据库备份和恢复策略。	

续表

岗位	初始岗位	岗位职责	主要任务	知识点	技能点	项目化课程内容	综合学习情境设计
数字化系统运维员			3. 进行数据库性能调优和优化，提高系统的响应速度			（2）进行数据库性能调优和查询优化	
	应用系统运维员	1. 管理和维护军工企业中使用的应用系统，包括安装、配置和升级。 2. 处理应用系统的故障和问题，确保系统的可用性和稳定性	1. 安装、配置和维护军工企业使用的应用系统。 2. 处理应用系统的故障和问题，包括软件安装、配置错误等。 3. 协助用户解决应用系统使用中的问题	应用系统架构、软件安装与配置、应用服务器（如 Tomcat、WebLogic）管理、故障排除与日志分析等	应用系统安装与配置、故障排除与修复、应用服务器管理、日志分析与监控	1. 应用系统安装和配置： （1）学习常见应用系统的安装和配置步骤。 （2）实践安装和配置应用系统。 2. 应用系统故障排除和日志分析： （1）学习应用系统故障排除的方法和工具。 （2）实践分析和解决应用系统故障，并进行日志分析	

续表

岗位	初始岗位	岗位职责	主要任务	知识点	技能点	项目化课程内容	综合学习情境设计
数字化系统运维员	安全运维员	1. 负责网络和系统的安全管理，包括漏洞扫描、入侵检测和防护措施的实施。 2. 参与安全事件的响应和处置，确保信息系统的安全性	1. 进行网络和系统的安全管理，包括漏洞扫描和弱点分析。 2. 配置和管理防火墙、入侵检测系统等安全设备。 3. 参与安全事件的响应和处置，包括应对网络攻击和数据泄露等问题	网络安全基础、安全设备（如防火墙、入侵检测系统）原理、安全事件响应、漏洞扫描与修复等	安全设备配置与管理、安全事件分析与响应、漏洞扫描与修复、安全策略制定与执行	1. 安全设备配置和管理： （1）学习常见安全设备的配置和管理方法。 （2）实践配置和管理防火墙、入侵检测系统等安全设备 2. 安全事件响应和漏洞扫描： （1）学习安全事件响应流程和漏洞扫描技术。 （2）实践参与安全事件响应和进行漏洞扫描与修复	
数据分析师	数据分析助理	作为数据分析师的助理，协助更有经验的数据分析师完成数据收集、清洗、整理和分析	1. 协助收集和整理数据，确保数据的完整性和准确性。	数据收集和整理方法、基本统计学概念、数据分析工具的基本使用	数据清洗和整理、基础数据分析和统计、数据分析工具的操作和应用、报告撰写和呈现能力	1. 数据分析入门项目： （1）数据收集与整理：学习如何从不同来源收集数据，并进行数据清洗和整理，确保数据的准确性和完整性。	1. 数据分析基础知识学习： （1）学习数据分析的基本概念、方法和流程。 （2）了解统计学基础和数据可视化技术。

续表

岗位	初始岗位	岗位职责	主要任务	知识点	技能点	项目化课程内容	综合学习情境设计
数据分析师	数据分析助理	等基础工作。这个岗位能够让毕业生熟悉数据分析的基本流程和工具，并逐步提升数据分析能力	2. 运用数据分析工具（如Excel、Python等）进行基础数据分析和统计。 3. 支持数据分析师进行数据模型的建立和数据挖掘工作。 4. 协助撰写数据分析报告，呈现分析结果和洞察			（2）基础统计分析：学习基本的统计学概念和方法，如描述统计、概率分布、假设检验等，以及如何应用这些方法进行数据分析。 （3）数据可视化实践：学习使用常见的数据可视化工具，如Excel、Tableau等，将数据转化为可视化图表和仪表盘，传达数据洞察和结果。 （4）数据分析报告：学习如何撰写数据分析报告，将分析结果和洞察以清晰、有条理的方式呈现，向非技术人员解释数据分析的结果。 2. 数据质量管理项目： （1）数据质量评估：学习数据质量评估的方法和标准，掌握如何	（3）掌握数据清洗、数据预处理和特征工程等数据处理技能。 2. 数据分析工具和编程技能学习： （1）学习常用的数据分析工具和软件，如Python、R和SQL等。 （2）掌握数据分析相关的编程技能，如数据提取、转换和加载（ETL）、数据挖掘和机器学习等。 （3）学习使用数据分析工具和库进行数据可视化和报告生成。 3. 数据库和数据管理学习： （1）学习关系型数据库和非关系型数据库的基本原理和操作。

续表

岗位	初始岗位	岗位职责	主要任务	知识点	技能点	项目化课程内容	综合学习情境设计
数据分析师	数据可视化专员	这个岗位侧重于使用数据可视化工具(如Tableau、Power BI等)将数据分析结果转化为易于理解和呈现的图表、仪表盘等形式。毕业生可以学习如何有效地将数据转化为可视化内容,并与团队合作,为决策者提供直观的数据洞察。	1. 根据需求和数据分析师的指导，设计和创建数据可视化图表、仪表盘等。 2. 将分析结果以可视化方式展示，提供直观的数据洞察。 3. 调整和优化可视化内容，使其更具吸引力和易于理解。 4. 与团队协作，根据反馈进行改进和更新	数据可视化原理和最佳实践、可视化工具的功能和特性	数据可视化设计、使用可视化工具创建图表和仪表盘、数据故事讲述能力、调整和优化可视化内容	发现和识别数据质量问题，进行数据异常检测和数据清洗。 （2）数据质量监控策略：学习如何建立数据质量监控策略，设计和实施有效的数据质量监测机制，确保数据质量的稳定性和一致性。 （3）数据质量修复与改进：学习常见的数据质量修复技术，如缺失数据的填充、异常数据的处理等，以及如何与数据源提供者和相关团队合作解决数据质量问题。 3. 业务数据分析项目： （1）特定业务领域了解：深入了解目标业务领域的基本概念、指	（2）掌握SQL语言和数据库查询技巧。 （3）了解数据管理和数据存储的最佳实践。 4. 业务领域和军工知识学习： （1）了解军工企业的业务领域和相关知识，包括军事装备、作战指挥、军事情报等。 （2）学习与军工相关的数据分析方法和技术，如军事情报分析、装备状态评估等。 （3）了解军工行业的数据安全要求和保密规定。

续表

岗位	初始岗位	岗位职责	主要任务	知识点	技能点	项目化课程内容	综合学习情境设计
数据分析师	数据质量分析员	数据质量对于数据分析的准确性和可靠性至关重要。作为数据质量分析员，毕业生将负责评估和监控数据的质量，并进行数据清洗、异常检测和纠正等工作。这个岗位要求细致的观察力和良好的数据处理能力	1. 检查和评估数据质量，发现数据缺失、异常或错误。 2. 进行数据清洗和处理，修复或删除与数据质量问题相关的记录。 3. 开发和执行数据质量监控策略，确保数据质量的稳定性和一致性。 4. 与数据源提供者和相关团队合作，解决数据质量问题	数据质量评估标准、数据清洗和处理方法、数据质量监控策略	数据质量评估和修复、数据清洗和处理技术、数据质量监控和报警、与数据源提供者和团队的协作能力	标和数据源，理解业务需求和数据分析的目标。 （2）业务数据收集与整理：学习如何收集、整理和准备特定业务领域的数据，以满足后续的分析需求。 （3）业务数据分析与解释：应用适当的数据分析方法和工具，进行业务数据的统计分析和解释，发现业务模式、趋势和关联性，并提供相关的业务优化建议。 （4）业务报告和沟通：学习如何将业务数据分析结果以清晰、易懂的方式呈现，撰写业务报告并与相关业务团队进行有效的沟通和合作	5. 实践项目和实习经验： （1）参与数据分析相关的实践项目，如数据挖掘、预测建模等。 （2）参与军工企业的实习项目，了解实际应用场景和需求。 （3）进行数据分析的实际工作，如数据收集、处理和分析报告撰写等

续表

岗位	初始岗位	岗位职责	主要任务	知识点	技能点	项目化课程内容	综合学习情境设计
数据分析师	业务数据分析员	在军工企业中，数据分析往往与特定的业务领域紧密结合。毕业生可以选择进入特定的业务部门，如供应链管理、生产计划、质量控制等，担任业务数据分析员。他们将负责收集、分析和解释相关业务数据，提供决策支持和业务优化建议	1. 了解特定业务领域的需求，收集和整理相关业务数据。 2. 运用适当的分析方法和工具，对业务数据进行统计和分析。 3. 发现和解释业务数据中的模式、趋势和关联性。 4. 提供数据驱动的决策支持，为业务优化提供建议	特定业务领域的基本概念和指标，相关数据源和数据集	业务数据收集和整理，业务数据分析和解释，数据驱动决策支持，与业务团队的沟通和合作能力		

续表

岗位	初始岗位	岗位职责	主要任务	知识点	技能点	项目化课程内容	综合学习情境设计
航空电子技术员	飞行器维修与保障	担任飞行器航空电子设备的维修与保障技术员，负责飞行器的航空电子设备的检测、故障排除和维修工作。这可能涉及航空电子设备的维修技术、故障排除方法、维修工具的使用和维修流程等方面的工作	1. 进行飞行器航空电子设备的故障排除和维修，包括检测故障原因、修复或更换故障部件等。 2. 进行飞行器航空电子设备的定期检查和维护，确保设备的正常运行和性能。 3. 协助制定飞行器航空电子设备的维修计划和工作流程，确保维修工作的高效执行	航空电子设备的工作原理、航空电子设备的故障诊断和维修方法、航空电子设备的维修工具和设备	故障排除和维修技巧、维修记录和报告撰写、团队合作和协调能力	1. 理论学习：航空电子设备的工作原理、故障诊断和维修方法、维修工具和设备的使用。 2. 实践项目：通过模拟飞行器航空电子设备的故障案例，进行故障排除和维修实践。 3. 团队合作项目：与其他学员合作，模拟实际的飞行器维修场景，共同解决复杂的电子设备故障	1. 航空电子基础知识学习： （1）学习航空电子的基本概念、原理和技术。 （2）了解航空电子设备的分类和组成部件。 （3）掌握航空电子系统的工作原理和信号处理方法。 2. 航空电子设备维护与故障排除学习： （1）学习航空电子设备的维护和保养方法。 （2）掌握航空电子设备的故障排除技巧和故障诊断方法。 （3）了解航空电子设备的校准和修复流程。

续表

岗位	初始岗位	岗位职责	主要任务	知识点	技能点	项目化课程内容	综合学习情境设计
航空电子技术员	航空电子设备测试与调试	担任航空电子设备的测试与调试技术员，负责对航空电子设备进行测试、调试和验证工作。这可能涉及测试设备的使用、测试方法的掌握、测试数据的记录与分析等方面的工作	1. 进行航空电子设备的测试和验证，包括使用测试设备进行功能测试、性能测试和可靠性测试等。 2. 调试航空电子设备，确保设备在安装和投入使用后的正常运行。 3. 分析测试数据，评估设备的性能和符合性，并提供测试报告和建议	航空电子设备的测试方法和标准、测试设备的使用和操作、数据分析和解读	测试设备操作技巧、数据收集和分析能力、测试报告撰写、沟通和协作能力	1. 理论学习：航空电子设备的测试方法和标准、测试设备的使用和操作、数据分析和解读。 2. 实践项目：使用实际的测试设备，对航空电子设备进行功能测试、性能测试和可靠性测试，并分析测试数据。 3. 报告撰写项目：根据测试结果，撰写测试报告并提出改进建议	3. 飞行器通信与导航系统学习： （1）学习飞行器通信系统的原理和技术，如通信导航、雷达系统等。 （2）了解飞行器导航系统的基本原理和导航仪器的使用方法。 （3）掌握航空通信导航相关的国际标准和规范。 4. 航空电子设备安全与适航性学习： （1）了解航空电子设备的安全性要求和适航性标准。 （2）学习航空电子设备的安全检查和测试方法。 （3）掌握航空电子设备的电磁兼容和抗干扰技术

续表

岗位	初始岗位	岗位职责	主要任务	知识点	技能点	项目化课程内容	综合学习情境设计
航空电子技术员	航空电子设备安装与调整	担任航空电子设备的安装与调整技术员，负责航空电子设备的安装、布线和调整工作。这可能涉及航空电子设备的安装规范、布线原理、调整方法等方面的工作	1. 根据安装规范和要求，进行航空电子设备的安装和布线工作。 2. 调整航空电子设备的参数和设置，确保设备与飞行器等系统的协调运行。 3. 测试和验证安装后的设备，确保设备的功能和性能符合要求	航空电子设备的安装规范和原理、布线原理和方法、设备调整和参数设置	设备安装和布线技巧、设备调整和参数设置技能、问题解决能力、细致入微的注意力	1. 理论学习：航空电子设备的安装规范和原理、布线原理和方法、设备调整和参数设置。 2. 实践项目：根据实际的安装要求和调整参数，进行航空电子设备的安装和调试实践。 3. 问题解决项目：在实际安装和调整过程中，解决自己遇到的问题，并记录经验和进行总结	5. 实践项目和实习经验： （1）参与航空电子设备的实践项目，如航空电子设备的组装和调试。 （2）参与军工企业的实习项目，了解实际应用场景和需求。 （3）进行航空电子设备的操作和维护实训，掌握实际技能和应对复杂情况的能力
	航空电子设备维护与管理	担任航空电子设备的维护与管理技术员，负责航空电子设备的日常维护和管理工作。这可能包括设	1. 进行航空电子设备的定期维护和检查，包括清洁、校准和更换部件等。	设备维护流程和标准、设备清洁和校准方法、备件管理和更换流程	设备维护和检查技巧、记录和分析能力、计划和组织能力、质量管理意识	1. 理论学习：设备维护流程和标准、设备清洁和校准方法、备件管理和更换流程。 2. 实践项目：根据维护计划，对航空电子设备进行定期维护和检查，	

续表

岗位	初始岗位	岗位职责	主要任务	知识点	技能点	项目化课程内容	综合学习情境设计
航空电子技术员		备的定期检查、维护计划的制定与执行、设备故障记录与分析等方面的工作	2. 制定和执行设备维护计划，确保设备的可靠性和可用性。 3. 记录设备维护和故障情况，分析数据并提供改进建议			并记录维护情况。 3. 质量管理项目：参与质量管理活动，了解质量标准和流程，并提出改进建议	
信息安全专员	信息安全管理员助理	作为信息安全团队的一员，协助信息安全管理员执行日常的信息安全管理工作。这包括协助制定和实施信息安全政策和流程、参与信息系统的安全审计和风险评估、处理信息安全事件和事故等	1. 协助制定和实施信息安全政策和流程。 2. 参与信息系统的安全审计和风险评估。 3. 处理信息安全事件和事故，包括调查和应对。	1. 信息安全政策和流程：了解信息安全管理的基本原理和标准，熟悉制定和实施信息安全政策和流程的方法。 2. 信息系统安全审计和风险评估：了解安全审计和风险评估的方法和工具，学习如何评估系统的安全性和风险。 3. 信息安全事件处理：了解常见的信息安全事件类型和处理方法，学习如何调查和应对安全事件。 4. 安全日志监测和分析：掌握安全日志的记录和分析技巧，能够监测和发现潜在的安全威胁		1. 信息安全政策与流程制定项目：学生可以通过该项目了解信息安全管理的基本原理和标准，参与制定和实施信息安全政策和流程，包括编写政策文档、设计流程图，以及与团队成员讨论和审查。 2. 安全事件响应演练项目：学生可以参与模拟安全事件响应演练，学习处理安全事件的流程和方法，包括事	1. 信息安全基础知识学习： （1）学习信息安全的基本概念、原理和法律法规。 （2）了解网络安全、系统安全和数据安全等方面的知识。 （3）掌握信息安全攻防技术和常见安全威胁的分析与应对方法。

续表

岗位	初始岗位	岗位职责	主要任务	知识点	技能点	项目化课程内容	综合学习情境设计
信息安全专员			4. 监测和分析安全日志，发现潜在的安全威胁。 5. 协助进行内部的信息安全培训和宣传活动			件发现、调查取证、应急响应和事后总结等环节，以提高对安全事件的处理能力。 3. 安全设备部署与配置实践项目：学生可以通过该项目学习常见安全设备的部署和配置，如防火墙、入侵检测系统、安全信息与事件管理系统等，包括设备选择、网络拓扑设计、配置文件编写和设备调试等环节。 4. 安全漏洞扫描与渗透测试项目：学生可以参与模拟安全漏洞扫描和渗透测试，学习使用相关工具和技术评估系统的安全性，包括漏洞扫描、渗透测试、漏洞利用和报告撰写等。	2. 网络和系统安全学习： （1）学习网络安全的基本原理和技术，如防火墙、入侵检测系统等。 （2）了解系统安全的相关知识，如访问控制、安全配置等。 （3）掌握常见的安全漏洞和攻击手法，并学习相应的安全防护措施。 3. 数据安全和加密技术学习： （1）学习数据加密的基本原理和常用加密算法。 （2）了解数据隐私保护和数据备份恢复的技术。
	安全运维工程师助理	负责军工企业的信息系统安全运维工作。这可能包括参与安全设备的部署和配置、监控和分析安全事件、执行漏洞扫描和安全补丁管理、参与网络流量分析和入侵检测等。	1. 协助安全设备的部署和配置，例如防火墙、入侵检测系统等。 2. 监控和分析安全事件，及时采取适当的响应措施。 3. 执行漏洞扫描和安全补丁管理，确保系统的漏洞得到及时修复。	1. 安全设备部署和配置：熟悉常见的安全设备，了解其原理和配置方法，能够进行设备的部署和配置工作。 2. 安全事件监控和响应：学习安全事件监控和响应的流程和工具，掌握如何及时发现和应对安全事件。 3. 漏洞扫描和安全补丁管理：了解漏洞扫描和安全补丁管理的流程和工具，学习如何进行漏洞扫描和补丁管理。 4. 网络流量分析和入侵检测：了解网络流量分析和入侵检测的原理和方法，能够分析和检测潜在的网络攻击			

续表

岗位	初始岗位	岗位职责	主要任务	知识点	技能点	项目化课程内容	综合学习情境设计
信息安全专员			4. 参与网络流量分析和入侵检测，发现并应对潜在的网络攻击。 5. 支持日常的系统运维工作，确保系统的安全和稳定运行			5. 信息安全培训活动设计项目 学生可以设计和组织信息安全培训活动，包括准备培训材料、制定培训计划、组织培训实施以及培训效果评估，以提升自己的培训活动设计和交流能力	（3）掌握数据安全管理和数据泄露预防措施。 4. 安全评估和风险管理学习： （1）学习信息系统安全评估的方法和流程。 （2）了解风险管理的基本概念和方法，包括风险识别、分析和应对策略。 （3）掌握安全事件响应和应急处理的流程和技巧。 5. 安全意识和法规合规学习： （1）学习信息安全意识和教育的重要性。 （2）了解信息安全相关的法律法规和标准，如网络安全法、ISO27001 等。
	安全审计员助理	协助进行信息系统的安全审计工作，验证系统是否符合安全标准和政策要求。这可能包括参与系统的安全漏洞扫描和渗透测试、审核系统的安全配置和访问控制、撰写审计报告和提出改进建议等	1. 参与信息系统的安全漏洞扫描和渗透测试，评估系统的安全性。 2. 审核系统的安全配置和访问控制，确保符合安全标准。 3. 撰写安全审计报告，提出改进建议和风险评估。	1. 安全漏洞扫描和渗透测试：学习安全漏洞扫描和渗透测试的方法和工具，掌握如何评估系统的安全性。 2. 安全配置和访问控制审核：了解安全配置和访问控制的原则和标准，能够审核系统的安全配置和访问控制。 3. 安全审计报告撰写：学习安全审计报告的撰写方法和结构，能够准确地记录审计结果和提出改进建议。 4. 安全问题和漏洞解决：具备解决安全问题和漏洞的能力，包括跟踪问题、提供解决方案和协助修复漏洞			

续表

岗位	初始岗位	岗位职责	主要任务	知识点	技能点	项目化课程内容	综合学习情境设计
信息安全专员			4. 协助跟踪和解决发现的安全问题和漏洞。 5. 参与信息系统的合规性审计，确保符合相关法规和标准要求				（3）掌握信息安全合规和规范要求，包括安全审计和合规检查等
	信息安全培训员助理	协助开展信息安全培训工作，向员工提供必要的安全意识和技能培训。这可能包括参与培训材料的准备和更新、协助组织安全培训活动、回答员工的安全问题和提供支持等	1. 协助准备和更新信息安全培训材料和教具。 2. 参与组织安全培训活动，向员工提供必要的安全意识和技能培训。 3. 回答员工的安全问题，提供相关的支持和指导。	1. 培训材料准备和更新：了解培训材料的制作方法和标准，能够准备和更新相关的安全培训材料。 2. 安全培训活动组织：学习组织安全培训活动的流程和方法，能够有效地组织和进行安全培训。 3. 安全问题解答和支持：具备解答员工安全问题和提供相关支持的能力，能够传达安全知识和技能。 4. 培训效果评估：了解培训效果评估的方法和工具，能够收集反馈并提出改进建议			

续表

岗位	初始岗位	岗位职责	主要任务	知识点	技能点	项目化课程内容	综合学习情境设计
信息安全专员			4. 协助开展内部的安全宣传和推广活动。 5. 收集反馈和评估培训效果，提供改进建议				
无人系统操作员	无人系统操作员助理	作为无人系统操作员的助理，协助操作和监控无人系统的飞行或操作，包括设备准备、飞行计划制定、数据收集和处理等，同时负责检查设备的运行状态和维护保养	1. 协助准备和检查无人系统的飞行设备，确保其正常运行。 2. 参与制定飞行计划，包括起飞点、航线规划和飞行时间等。 3. 监控无人系统的飞行过程，确保其按照计划执行任务。	无人系统的基本原理和构成、飞行计划制定、飞行安全规范、飞行数据收集与处理	无人系统的设备准备与检查、飞行监控与操作、飞行数据处理与记录	1. 无人系统飞行操作实践。 学员将学习无人系统的基本原理和构成，参与实际的飞行操作训练，包括设备准备、飞行计划制定、飞行监控等。 2. 飞行数据收集与处理。 学员将学习如何收集和处理无人系统的飞行数据，包括数据采集方法、数据处理软件的使用以及数据记录与分析。	1. 无人系统基础知识学习： （1）学习无人系统的基本概念、原理和分类。 （2）了解无人机、无人车、无人舰艇等不同类型无人系统的特点和应用领域。 （3）掌握无人系统的组成部件、传感器技术和通信系统原理。

续表

岗位	初始岗位	岗位职责	主要任务	知识点	技能点	项目化课程内容	综合学习情境设计
无人系统操作员			4. 收集飞行数据和传感器数据，并进行基本的数据处理。 5. 协助记录飞行日志和维护设备的运行状态			3. 无人系统飞行安全管理。 学员将学习飞行安全规范和操作程序，包括飞行安全知识、飞行事故案例分析以及飞行安全管理的基本原则。	2. 操控和操作技能学习： （1）学习无人系统的操控和操作方法，包括遥控操作、自动化控制和路径规划等。 （2）掌握无人系统的飞行或行驶技巧，了解飞行规则和操作规程。 （3）学习无人系统的故障排除和紧急情况处理方法。 3. 传感器和数据处理学习： （1）了解无人系统的传感器技术，如摄像头、激光雷达等。 （2）学习传感器数据的获取、处理和分析方法。 （3）掌握基本的图像处理和数据处理技术，如图像识别、目标跟踪等。
	无人系统数据分析员助理	作为无人系统数据分析员的助理，协助收集和分析无人系统的数据，包括飞行数据、传感器数据、影像数据等，进行数据处理和统计分析，为决策和改进提供支持	1. 协助收集无人系统的飞行数据、传感器数据和影像数据。 2. 进行数据处理和统计分析，提取有用的信息和模式。 3. 协助编写数据分析报告，总结数据分析结果并提供决策支持。	数据收集和处理方法、统计分析、数据可视化、数据报告撰写	数据收集与整理、基本统计分析技能、数据处理软件和工具的使用、报告撰写	1. 无人系统数据收集与整理。 学员将学习如何收集和整理无人系统的飞行数据、传感器数据和影像数据，包括数据采集方法和数据质量控制。 2. 数据处理和统计分析。 学员将学习基本的数据处理和统计分析方法，包括数据清洗、特征提取、统计指标计算以及数据可视化技术的应用。	

续表

岗位	初始岗位	岗位职责	主要任务	知识点	技能点	项目化课程内容	综合学习情境设计
无人系统操作员			4. 参与改进数据采集和分析的流程和方法			3. 数据报告撰写与呈现。 学员将学习如何撰写数据分析报告，包括报告结构设计、数据结果展示和报告撰写技巧	4. 安全意识和法规合规学习： （1）学习无人系统的飞行安全和操作规范，包括空域管理、飞行限制等。 （2）了解无人系统相关的法律法规和标准，如无人机管理条例等。 （3）掌握安全意识和紧急情况处理的流程和技巧。 5. 实践项目和实习经验： （1）参与无人系统相关的实践项目，如无人机飞行实验、无人车测试等。 （2）参与军工企业的实习项目，了解实际应用场景和需求。
	无人系统数据分析员助理	作为无人系统维护技术员的助理，协助进行无人系统的日常维护和故障排除，包括设备检修、零部件更换、系统校准和软件更新等，同时参与维护记录的管理和维修报告的编写	1. 协助进行无人系统的日常维护和检修工作。 2. 参与设备的校准和调试，确保其正常运行。 3. 协助解决设备故障和故障排除，修复或更换故障部件。 4. 参与维护记录的管理，记录维护工作和设备状态。	无人系统的基本结构和组成、维护和检修流程、设备校准和调试、故障排除	设备维护与检修、设备校准和调试、故障诊断和排除、维护记录的管理	1. 无人系统设备维护与检修实践。 学员将学习无人系统设备的基本结构和组成，参与实际的设备维护与检修操作，包括设备校准、故障排除等。 2. 设备故障诊断与维修。 学员将学习设备故障诊断的基本方法和技巧，包括故障分析、故障部件更换以及维护记录的管理。	

续表

岗位	初始岗位	岗位职责	主要任务	知识点	技能点	项目化课程内容	综合学习情境设计
无人系统操作员			5. 协助编写维修报告和故障分析报告			3. 设备维护与安全管理。 学员将学习设备维护的标准和流程，包括维护计划制定、维护记录管理以及设备安全管理的基本原则	（3）进行无人系统操作的实际训练和实践，掌握操作技能和应对复杂情况的能力
	无人系统数据分析员助理	作为无人系统操作培训员的助理，协助准备和组织无人系统操作员的培训课程，包括飞行操作技术、飞行安全知识、紧急处理等内容，辅导新员工的操作实践和技能提升	1. 协助准备无人系统操作员的培训材料和课程内容。 2. 辅导新员工进行飞行操作的实践训练，提供指导和反馈。 3. 解答操作员的问题，提供技术支持和培训辅助。 4. 协助评估培训效果，提	无人系统操作流程、培训方法和技巧、飞行操作安全与规范	培训材料准备、操作指导与辅导、培训效果评估、沟通与解答问题的能力	1. 无人系统操作培训材料准备。 学员将学习如何准备无人系统操作培训所需的教材和课程内容，包括培训大纲设计、教材编写和多媒体素材制作。 2. 操作指导与辅导实践。 学员将参与操作员的实际培训，提供操作指导和辅导，包括飞行操作技巧的教授、问题解答和实操训练。	

续表

岗位	初始岗位	岗位职责	主要任务	知识点	技能点	项目化课程内容	综合学习情境设计
无人系统操作员			供改进建议和调整培训计划			3. 培训效果评估与改进。 学员将学习如何评估培训效果，包括培训评估指标的制定、数据收集和分析，以及根据评估结果进行培训改进	
软件开发工程师	软件开发工程师助理	作为软件开发团队的成员，协助高级软件开发工程师完成各种软件开发任务。这包括编写和调试代码、参与软件模块的设计和实现、进行软件测试和故障排除等工作	1. 协助高级软件开发工程师完成软件开发任务。 2. 编写和调试代码，确保软件的功能和性能符合要求。 3. 参与软件模块的设计和实现，包括编写设计文档和代码注释。	1. 编程语言和技术：掌握至少一种常用的编程语言，如 Java、C++、Python 等，了解常用的开发框架和工具。 2. 软件开发基础：了解软件开发的基本原理、流程和常用的设计模式。 3. 调试和故障排除：具备基本的调试技巧和故障排除能力，能够理解和修复代码中的错误和缺陷。 4. 团队合作与沟通：良好的团队合作能力和沟通能力，能够与其他团队成员协作完成任务		1. 编程基础：介绍常用编程语言和基本语法，进行编程练习和小项目实践。 2. 软件开发流程：了解软件开发的不同阶段和流程，学习如何协作和版本控制。 3. 软件测试基础：介绍软件测试的基本概念和方法，进行测试案例编写和调试练习	1. 软件开发实践项目。 学生可以参与实际的软件开发项目，从需求分析、系统设计到编码和测试等全过程。他们可以学习软件开发的基本原理和方法，掌握常用的编程语言和开发工具，如 Java、C++、Python 和集成开发环境等。

续表

岗位	初始岗位	岗位职责	主要任务	知识点	技能点	项目化课程内容	综合学习情境设计
软件开发工程师			4. 进行软件测试和故障排除，修复代码中的错误和缺陷				2. 面向对象编程实验。 学生可以通过面向对象编程实验，学习面向对象的思想和方法。他们可以实现简单的面向对象程序，理解类、对象、继承、多态等概念，并掌握面向对象编程的基本技巧和设计原则。 3. 软件系统设计与架构。 学生可以学习软件系统设计和架构的基本原理，包括模块化设计、分层架构和接口设计等。他们可以进行软件系统设计的实践项目，考虑军工应用的特殊需求和安全性要求，设计可靠、可扩展和易维护的软件系统。
	软件测试工程师	在软件开发过程中，负责进行软件测试工作，包括编写测试用例、执行测试、记录和报告问题、与开发团队合作解决问题等。这个岗位要求对软件测试方法和工具有一定的了解，并具备良好的分析和沟通能力	1. 编写测试用例，设计并执行软件测试计划。 2. 进行功能测试、性能测试、安全测试等，确保软件的质量和稳定性。 3. 记录和报告测试结果和问题，与开发团队合作解决问题。 4. 参与软件质量保证活动，提供测试建议和改进方案	1. 软件测试方法和技术：了解软件测试的基本原理和常用的测试方法，如黑盒测试、白盒测试、性能测试等。 2. 测试工具和框架：熟悉测试工具和框架的使用，如 JUnit、Selenium、LoadRunner 等。 3. 缺陷管理：了解缺陷管理流程和工具，能够准确记录和报告测试结果和问题。 4. 分析和解决问题：具备分析问题和解决问题的能力，与开发团队合作解决软件缺陷和质量问题		1. 软件测试方法与工具：学习不同类型的软件测试方法和常用测试工具的使用，进行测试案例设计和执行。 2. 缺陷管理与质量保证：介绍缺陷管理的流程和工具，学习如何记录、报告和跟踪软件缺陷。 3. 自动化测试：了解自动化测试的原理和工具，进行自动化测试脚本编写和执行	

续表

岗位	初始岗位	岗位职责	主要任务	知识点	技能点	项目化课程内容	综合学习情境设计
软件开发工程师	嵌入式软件开发工程师	专注于开发和维护嵌入式系统的软件，例如飞行控制系统、导航系统等。工作内容包括嵌入式软件的设计、编码、调试和集成，以及与硬件工程师合作进行系统级的调试和验证	1. 设计和实现嵌入式系统的软件，如飞行控制系统、导航系统等。 2. 编写和调试嵌入式软件代码，确保系统的功能和性能符合要求。 3. 与硬件工程师合作进行系统级调试和验证。 4. 参与系统需求分析和软件架构设计	1. 嵌入式系统和硬件知识：了解嵌入式系统的基本原理和硬件组成，熟悉常用的嵌入式处理器架构和接口标准。 2. 嵌入式软件开发：熟悉嵌入式软件开发的编程语言、工具和开发流程，如 C、C++、嵌入式 IDE 等。 3. 系统调试和验证：具备系统级调试和验证的能力，能够与硬件工程师合作进行系统级问题排查和验证。 4. 需求分析和软件架构设计：理解系统需求，并能够进行软件架构设计和模块划分		1. 嵌入式系统开发：学习嵌入式系统的基本原理和体系结构，进行嵌入式软件的开发和调试实践。 2. 硬件与软件协同开发：了解硬件和软件之间的接口和通信方式，学习如何与硬件工程师合作进行系统调试和验证。 3. 嵌入式软件架构与设计：介绍嵌入式软件架构设计的方法和原则，进行软件架构设计和模块划分的实践	4. 数据库设计与管理。 学生可以学习数据库的设计和管理技术，包括关系数据库的设计范式、SQL 查询语言和数据库管理系统的使用。他们可以进行数据库设计和实现的实践项目，并将其应用于军工企业的数据管理和信息系统开发中。 5. 软件测试与质量保证。 学生可以学习软件测试的基本原理和方法，包括单元测试、集成测试和系统测试等。他们可以进行软件测试的实践项目，编写测试用例、执行测试和分析
	数据分析与算法工程师	负责开发和优化军工系统中的数据分析和算法模块。这包括设计和实现数据处理流程、程、开发和优	1. 开发和优化军工系统中的数据分析和算法模块。 2. 设计和实现数据处理流	1. 数据分析和统计学：掌握数据分析和统计学的基本概念和方法，能够进行数据清洗、特征提取和建模等工作。 2. 编程和数据处理：熟练使用编程语言（如 Python）进行数据处理和分析，熟悉常用的数据处理库和工具。		1. 数据处理与分析：学习数据清洗、特征提取、数据可视化等数据处理和分析技术，进行数据分析案例实践。	

续表

岗位	初始岗位	岗位职责	主要任务	知识点	技能点	项目化课程内容	综合学习情境设计
软件开发工程师		化算法、进行性能评估和调优等工作。在这个岗位上，数学和统计学知识以及编程技能都是非常重要的	程、包括数据清洗、特征提取、模型训练等。 3. 开发和优化算法，提高数据分析和模型的准确性和效率。 4. 进行性能评估和调优，确保系统在大规模数据处理下的稳定性和性能	3. 机器学习和算法：了解常用的机器学习算法和深度学习算法、熟悉算法的实现和优化方法。 4.性能评估和调优：具备性能评估和调优的能力，能够优化算法和数据处理流程的性能和效率		2. 机器学习与算法优化：介绍机器学习算法和优化方法，进行机器学习模型的实现和性能优化。 3. 大数据处理与性能调优：学习大数据处理框架和技术，进行大规模数据处理和性能调优的实践	测试结果，提高软件质量和可靠性。 6. 软件项目管理。 学生可以学习软件项目管理的基本概念和方法，包括需求管理、进度控制和团队协作等。他们可以进行软件项目管理的实践项目，了解项目生命周期，掌握项目管理工具和技术，培养沟通、协调和问题解决能力
	界面设计与用户体验工程师	负责军工系统的用户界面设计和用户体验优化。这包括用户需求分析、界面设计、交互设计、用户测试等工作。在这个岗位上，除了具	1. 进行用户需求分析，设计用户界面和交互流程。 2. 进行界面设计，包括界面布局、色彩搭配、图标设计等。	1. 用户体验设计原理：了解用户体验设计的基本原理和方法，包括用户需求分析、用户行为研究、用户界面设计等。 2. 创意和设计能力：具备良好的创意和设计能力，能够设计符合用户需求和品牌形象的界面和交互体验。 3. 用户测试和反馈分析：能够进行用户测试，收集用户反馈并进行数据分		1. 用户体验设计原理：了解用户体验设计的原理和方法，学习用户需求分析和用户行为研究的技巧。 2. 界面设计与交互设计：学习界面设计的基本原则和设计工具的使用，进行界面设计	

续表

岗位	初始岗位	岗位职责	主要任务	知识点	技能点	项目化课程内容	综合学习情境设计
软件开发工程师	界面设计与用户体验工程师	备设计和创意能力外，也需要对用户行为和心理有一定的了解	3. 进行用户测试，收集用户反馈并进行改进 4. 与开发团队合作，确保界面设计与开发的一致性和可用性	析，提供改进方案。 4. 软件开发和协作能力：了解软件开发流程和技术，能够与开发团队合作，确保界面设计与开发的一致性和可用性		和交互设计的实践。 3. 用户测试与反馈分析：介绍用户测试的方法和技巧，学习如何收集用户反馈并进行数据分析，提供改进方案	
智能制造工程师	智能制造技术助理	作为初级职位，协助高级工程师或团队进行智能制造系统的设计、优化和实施工作。负责收集和整理相关数据，参与系统部署和测试，并进行相关文档的编写和维护。这个岗位可以为毕业生提供实践机会，了解智能制造技术的基本原	1. 协助高级工程师或团队进行智能制造系统的设计和优化。 2. 参与智能制造系统的部署和测试工作。 3. 收集和整理相关数据，协助进行数据分析。 4. 编写和维护相关文档，记录系统设计和操作流程	智能制造系统的基本原理、工作流程和技术应用，数据收集和分析方法，相关的计算机软件和硬件知识	数据收集和整理能力，基本的数据分析和可视化技能，计算机操作和系统配置能力，文档编写和维护能力	1. 智能制造系统设计与优化项目： 项目描述：学习智能制造系统的设计和优化方法，并将其应用于实际情境中。 项目任务： （1）了解智能制造系统的基本原理和工作流程。 （2）收集并分析相关数据，识别系统的瓶颈和改进点。 （3）设计并实施智能制造系统的优化方案。	1. 智能制造流程模拟。 学生可以学习智能制造的基本概念和流程，并使用专业的仿真软件进行实践。他们可以模拟军工生产线的运作过程，包括物料流动、设备协调、生产调度等，以了解智能制造系统的运行原理和优化方法。 2. 数字化工厂设计。 学生可以学习数

续表

岗位	初始岗位	岗位职责	主要任务	知识点	技能点	项目化课程内容	综合学习情境设计
智能制造工程师	制造工艺助理	理和流程支持智能制造系统的应用和维护。协助工艺工程师进行工艺流程的分析、改进和优化，熟悉智能制造设备的操作和维护，并参与制造过程的数据收集和分析工作	1. 协助工艺工程师分析制造工艺流程，提供改进和优化建议。 2. 学习和熟悉智能制造设备的操作和维护流程。 3. 参与制造过程的数据收集和分析，提供数据支持和反馈。 4. 协助制定和更新制造工艺标准和操作指导文件	制造工艺和工程流程，智能制造设备的操作和维护知识，工艺改进和优化方法，数据分析和统计方法	工艺流程分析和改进能力，制造设备操作和维护能力，数据收集和分析能力，文件编写和更新能力	（4）进行系统测试和性能评估，提出改进建议。 编写项目报告和文档，总结设计和优化过程。 2. 智能制造设备操作与维护实践项目： 项目描述：学习智能制造设备的操作和维护方法，并应用于实际设备中。 项目任务： （1）学习智能制造设备的基本原理和操作流程。 （2）进行设备的安装和调试，确保设备正常运行。 （3）学习设备的维护和故障排除方法，解决常见问题。 （4）参与设备数据的收集和分析，提供设备性能反馈。	字化工厂的设计原则和方法，包括工厂布局、设备配置和信息流程等。他们可以通过虚拟工厂设计软件进行实践，设计军工工厂的数字化布局，并考虑生产效率、资源利用和安全性等因素。 3. 自动化设备集成与控制。 学生可以学习自动化设备的选择、集成和控制方法，包括传感器、执行器、PLC 控制器等。他们可以进行实验和项目，使用实际的自动化设备进行集成和控制，实现军工生产线的自动化和智能化。
	自动化控制系统助理	在自动化控制系统部门或工程师团队中工作，参与智能制造系统的控	1. 协助工程师进行自动化控制系统的安装和调试工作。	自动化控制系统的基本原理和组成部分，编程语言和参数设置，系统测试和	自动化设备安装和调试能力，控制系统编程和参数设置能力，系统测试和故障排除能力，数据收集和分析能力		

续表

岗位	初始岗位	岗位职责	主要任务	知识点	技能点	项目化课程内容	综合学习情境设计
智能制造工程师		制和调试工作。负责设备的安装和调试，参与控制系统的编程和参数设置，协助工程师进行系统的测试和故障排除	2. 学习和熟悉控制系统的编程语言和参数设置。 3. 参与系统测试和故障排除，确保系统的正常运行。 4. 收集系统运行数据，协助进行数据分析和性能评估	故障排除方法，数据分析和性能评估方法		（5）编写操作指导文件和维护记录，记录设备操作和维护过程。 3. 数据驱动的智能制造分析项目： 项目描述：学习数据分析和应用方法，支持智能制造决策和改进。 项目任务： （1）收集并清洗相关的智能制造数据。 （2）学习和应用数据分析和统计方法，提取有价值的信息。 （3）进行数据可视化和报告生成，向团队呈现分析结果。 （4）参与数据驱动的决策和改进项目，提出改进建议。 （5）编写项目报告和数据分析文档，总结分析过程和结果。	4. 数据采集与分析。 学生可以学习数据采集和分析方法，包括传感器数据的采集、数据库的建立和数据分析工具的使用。他们可以使用实际的传感器设备，采集军工生产线的数据，并进行数据分析和可视化，以获取关键的生产指标和提供决策支持。 5. 智能制造系统优化。 学生可以学习智能制造系统的优化方法，包括生产调度、资源分配和质量控制等。他们可以通过项目和实践，应用优化算法和技术，改进军工生产线的效率、质量和可靠性，

续表

岗位	初始岗位	岗位职责	主要任务	知识点	技能点	项目化课程内容	综合学习情境设计
智能制造工程师	数据分析助理	在数据分析团队中工作，负责智能制造系统数据的收集、整理和分析。协助数据分析师进行数据清洗和特征提取，参与数据可视化和报告生成，支持团队进行数据驱动的决策和改进工作	1. 协助数据分析师进行数据收集、清洗和整理工作。 2. 参与数据分析流程，进行数据清洗、特征提取和统计分析。 3. 参与数据可视化和报告生成，向团队呈现分析结果。 4. 协助团队进行数据驱动的决策和改进工作	数据收集和清洗方法，数据分析和统计方法，数据可视化工具和技术，基本的数据科学和机器学习概念	数据收集和清洗能力，数据分析和统计能力，数据可视化和报告生成能力，基本的机器学习和数据科学技能	4. 质量管理与改进实践项目： 项目描述：学习质量管理和改进方法，并将其应用于智能制造环境中。 项目任务： （1）学习质量管理流程和标准，了解相关法规和认证要求。 （2）收集质量数据，并进行数据分析和问题跟踪。 （3）参与质量改进项目的实施和评估，推动质量提升。 （4）学习质量文档的编写和更新，确保质量管理的有效性。 （5）编写项目报告和质量改进计划，总结改进过程和成果	实现智能制造系统的优化管理。 6. 物联网技术应用。 学生可以学习物联网技术在智能制造中的应用，包括传感器网络、云平台和边缘计算等。他们可以进行实验和项目，搭建物联网系统，实现设备的远程监控、数据的实时传输和生产的协同管理
	质量管理助理	在质量管理部门中工作，支持智能制造系统的质量管理工作。参与质量	1. 协助质量工程师进行质量管理流程的优化和标准制定。	质量管理流程和标准，质量数据收集和分析方法，质量改进和问题解决方法，	质量数据收集和整理能力；质量数据分析和问题跟踪能力；质量改进项目的实施和评估能力；文		

续表

岗位	初始岗位	岗位职责	主要任务	知识点	技能点	项目化课程内容	综合学习情境设计
智能制造工程师		检测流程的优化和标准制定，协助质量工程师进行质量数据的分析和问题跟踪，参与质量改进项目的实施和评估	2. 参与质量数据的收集、整理和分析，进行问题跟踪和统计。 3. 协助质量改进项目的实施和评估，跟进改进计划的执行情况。 4. 参与制定和更新质量管理文档和流程文件	相关法规和认证要求	件编写和更新能力		
人工智能工程师	人工智能算法工程师助理	协助开发和实施人工智能算法，包括数据预处理、算法研究与开发、模型实现与优化、算法性能评估、技术文档编写以及团队协作与支持	1. 协助开发和实现人工智能算法，如机器学习、深度学习等。 2. 参与数据预处理、特征工程和模型训练等工作。 3. 协助算法性能评估和调优，提供技术支持和反馈。	机器学习算法、深度学习算法、数据预处理、特征工程、模型评估与调优、算法原理	Python 编程、数据分析和处理、机器学习框架（如 TensorFlow、Keras、Scikit-learn）使用、数据可视化、文档整理和管理	1. 机器学习基础项目。 学生可以通过实践项目来学习机器学习的基本概念和算法。他们可以从数据集的收集和预处理开始，然后选择适当的机器学习算法进行模型训练和评估，最终能运用其解决实际问题。	1. 人工智能基础知识学习： （1）学习人工智能的基本概念、原理和发展历程。 （2）掌握机器学习、深度学习和自然语言处理等核心领域的基础知识。 （3）学习人工智能算法和模型的工作原理，如神经网络、决策树、聚类等。

续表

岗位	初始岗位	岗位职责	主要任务	知识点	技能点	项目化课程内容	综合学习情境设计
人工智能工程师			4. 收集和整理相关文档和代码，协助团队知识管理			2. 深度学习实践项目。 该项目可以让学生掌握深度学习的原理和技术，并将其应用于军工领域的实际问题。学生可以实现常见的深度学习模型，如卷积神经网络、循环神经网络等，并进行模型训练和优化，以解决军工任务中的特定问题。 3. 数据分析与可视化项目。 学生可以学习数据分析和可视化工具，如Python中的NumPy、Pandas和Matplotlib库，通过实际项目来分析军工数据并将结果可视化。这可以帮助学生熟悉数据处理和分析的流程，从而更好地理解和应用数据驱动的人工智能方法。	2. 编程和数据处理技能学习： （1）学习编程语言，如Python，用于人工智能算法的实现和应用。 （2）学习数据处理和分析技术，包括数据清洗、特征提取、数据可视化等。 （3）学习常用的人工智能开发框架和库，如TensorFlow、PyTorch等。 3. 人工智能算法和模型学习： （1）学习机器学习算法，如线性回归、支持向量机、决策树等。 （2）学习深度学习算法，如卷积神经网络、循环神经网络等。
	人工智能软件工程师助理	协助开发和实施人工智能软件，包括算法开发与优化、软件设计与编码、数据处理与分析以及团队协作与支持	1. 协助开发和维护人工智能相关的软件系统。 2. 参与软件需求分析和系统设计，编写代码和进行单元测试。 3. 协助软件性能优化和系统集成工作。 4. 参与软件文档编写和维护，协助团队的软件开发流程	软件开发流程、需求分析与设计、编码与调试、单元测试、软件性能优化、软件架构	编程语言（如Python、Java、C++）、软件开发工具（如IDE、版本控制）、软件测试和调试技巧、文档编写和维护、协作与团队沟通		

续表

岗位	初始岗位	岗位职责	主要任务	知识点	技能点	项目化课程内容	综合学习情境设计
人工智能工程师	人工智能系统工程师助理	协助开发和实施人工智能系统，包括系统需求分析与设计、算法与模型集成、系统测试与维护，以及与团队成员合作完成项目目标	1. 协助设计和搭建人工智能系统架构，如智能感知、决策与控制等。 2. 参与系统模块的开发和集成，进行系统测试和验证。 3. 协助系统性能评估和问题排查，提供技术支持和改进建议。 4. 收集和整理系统设计文档和技术资料，协助系统的知识管理	系统设计与集成、智能感知与决策、控制理论、硬件平台、系统测试与验证、系统性能评估	系统设计工具（如UML）、编程语言（如Python、C++）、硬件接口与通信、系统调试与故障排除、技术问题解决、文档编写和整理	4. 自然语言处理项目。 该项目可以让学生学习自然语言处理的基本原理和技术，并将其应用于军工领域的文本数据。学生可以实现文本预处理、文本分类、情感分析等自然语言处理任务，并通过项目来理解和应用自然语言处理在军工中的潜在应用。 5. 图像处理与计算机视觉项目。 学生可以学习图像处理和计算机视觉的基础知识，如特征提取、目标检测和图像分割等。通过实践项目，学生可以完成军工中的图像处理任务，如目标识别、图像分析和图像生成等。	（3）学习自然语言处理算法，如文本分类、命名实体识别等。 4. 人工智能应用领域学习： （1）学习人工智能在军工领域的应用案例和需求。 （2）学习军工领域特定的人工智能技术和算法，如目标检测、智能决策等。 （3）学习人工智能在军工系统中的集成和部署方法。 5. 实践项目和实习经验： （1）参与人工智能相关的实践项目，如图像处理、信号分析、智能控制等。

续表

岗位	初始岗位	岗位职责	主要任务	知识点	技能点	项目化课程内容	综合学习情境设计
人工智能工程师	人工智能数据工程师助理	协助处理和管理数据，包括数据收集与清洗、数据存储与处理、数据分析与可视化，并支持团队进行人工智能算法开发与实施	1. 协助数据收集和清洗，整理和准备用于人工智能模型的训练数据。 2. 参与数据分析和特征工程的工作，提供数据支持和反馈。 3. 协助开发和维护数据处理和存储系统，确保数据的可靠性和安全性。 4. 参与数据文档的编写和维护，协助数据管理和治理流程	数据收集与清洗、数据分析与特征工程、数据处理与存储、数据安全与隐私、数据管理与治理		6. 强化学习项目。 学生可以深入学习强化学习的原理和方法，并将其应用于军工任务中的决策和控制问题。学生可以强化学习算法，如 Q-learning 和深度强化学习等，并通过项目来解决军工中的特定问题，如自主控制和路径规划等	（2）参与军工企业的实习项目，了解实际应用场景和需求。 （3）进行人工智能算法的实际实现和调优

续表

岗位	初始岗位	岗位职责	主要任务	知识点	技能点	项目化课程内容	综合学习情境设计
虚拟现实工程师	虚拟现实软件工程师	1. 开发和维护虚拟现实软件应用程序。 2. 使用虚拟现实开发工具和引擎，如 Unity 或 Unreal Engine。 3. 实现虚拟现实场景的交互功能和用户界面。 4. 协同团队成员，进行软件集成和测试	1. 参与虚拟现实软件应用程序的开发和维护。 2. 根据需求，设计和实现虚拟现实场景的交互功能和用户界面。 3. 使用虚拟现实开发工具和引擎，如 Unity 或 Unreal Engine，进行编码和脚本编写。 4. 进行虚拟现实应用程序的测试、调试和优化	1. 编程语言和技术，如 C#、C++、Python 等。 2. 虚拟现实开发工具和引擎，如 Unity 或 Unreal Engine。 3. 软件开发生命周期和软件工程原理。 4. 用户界面设计和交互设计的基本原理。 5. 软件测试和调试技巧		虚拟现实应用开发课程： （1）介绍虚拟现实技术和应用领域。 （2）学习虚拟现实开发工具和引擎，如 Unity 或 Unreal Engine。 （3）实践开发虚拟现实应用程序，包括场景搭建、交互功能和用户界面设计。 （4）学习软件测试、调试和优化技巧，确保应用程序的质量和性能。 （5）完成一个小型虚拟现实应用开发项目，展示所学技能和知识	1. 虚拟现实基础知识学习： （1）学习虚拟现实的基本概念、原理和发展历程。 （2）了解虚拟现实技术的分类、硬件设备和软件平台。 （3）掌握虚拟现实中的 3D 图形学、交互技术和模拟物理等基础知识。 2. 编程和开发技能学习： （1）学习虚拟现实开发所需的编程语言和工具，如 Unity、Unreal Engine 等。 （2）掌握虚拟现实应用开发的基本原理和流程。

续表

岗位	初始岗位	岗位职责	主要任务	知识点	技能点	项目化课程内容	综合学习情境设计
虚拟现实工程师	虚拟现实内容设计师	1. 设计和创建虚拟现实场景和环境。 2. 制作虚拟现实模型、角色和动画。 3. 进行虚拟现实场景的布局和渲染。 4. 与软件工程师和团队合作，将设计内容与应用程序集成	1. 创建虚拟现实环境的场景布局、美术分格、灯光效果等。 2. 制作虚拟现实内容：使用专业的虚拟现实软件和工具，制作虚拟对象、角色、动画等元素。 3. 优化性能和用户体验：对虚拟现实内容进行性能优化，确保在不同硬件设备上的流畅运行，并关注用户体验，调整虚拟现实元素的交互方式和反馈机制。	1. 3D 建模和动画制作软件，如 Maya、Blender 等。 2. 图形设计和艺术创作的基本原理。 3. 虚拟现实场景布局和渲染技术。 4. 角色建模和动画制作的基本原理。 5. 与软件工程师进行内容集成的协作能力		虚拟现实内容设计课程： （1）学习 3D 建模和动画制作软件，如 Maya 或 Blender。 （2）掌握图形设计和艺术创作的基本原理。 （3）实践设计和创建虚拟现实场景、角色和动画。 （4）学习虚拟现实场景布局和渲染技术，确保视觉效果和用户体验。 （5）完成一个虚拟现实内容设计项目，展示所学技能和知识	（3）学习虚拟现实应用中的用户界面设计和交互设计技巧。 3. 三维建模和动画技术学习： （1）学习三维建模软件和工具，如 3Ds Max、Maya 等。 （2）掌握三维建模和动画的基本原理和技巧。 （3）学习虚拟现实中的材质贴图、光照和渲染等技术。 4. 虚拟现实应用领域学习： （1）了解虚拟现实在军工领域的应用案例和需求。 （2）学习军工领域特定的虚拟现实技术和算法，如虚拟仿真、虚拟训练等。

续表

岗位	初始岗位	岗位职责	主要任务	知识点	技能点	项目化课程内容	综合学习情境设计
虚拟现实工程师	虚拟现实硬件工程师	1. 设计和开发虚拟现实硬件设备和系统。 2. 进行硬件设备的原型制作和调试。 3. 负责虚拟现实设备的集成和测试。 4. 参与硬件设备的性能优化和故障排除。	1. 开发和设计头戴显示器、手柄、传感器等硬件。 2. 硬件集成和优化：将现实硬件与软件系统进行集成，确保硬件设备与虚拟现实应用程序的兼容。 3. 故障排除和维护：识别和解决虚拟现实硬件设备的故障，并进行维护和修复，以确保设备的正常运行和可靠性。	1. 电子电路和硬件设计的基本原理。 2. 虚拟现实设备和传感器技术的了解。 3. 硬件原型制作和调试技巧。 4. 设备集成和测试的基本原理和方法。 5. 硬件性能优化和故障排除的技能。		虚拟现实硬件开发课程： （1）学习电子电路和硬件设计的基本原理。 （2）了解虚拟现实设备和传感器技术。 （3）实践硬件原型制作和调试，包括电路设计和焊接。 （4）学习设备集成和测试的基本原理和方法。 （5）完成一个小型虚拟现实硬件开发项目，展示自己所学技能和知识	（3）掌握虚拟现实应用中的场景设计、虚拟物体和特效处理等技术。 5. 实践项目和实习经验： （1）参与虚拟现实相关的实践项目，如虚拟场景建模、交互设计等。 （2）参与军工企业的实习项目，了解实际应用场景和需求。 （3）进行虚拟现实应用的实际开发和测试

续表

岗位	初始岗位	岗位职责	主要任务	知识点	技能点	项目化课程内容	综合学习情境设计
	虚拟现实用户体验(UX)设计师	1. 进行虚拟现实用户体验研究和分析。 2. 设计和优化虚拟现实用户界面和交互流程。 3. 进行用户测试和反馈收集。	1. 进行用户研究，了解用户对虚拟现实体验的需求和期望，分析用户行为和反馈。 2. 根据用户需求和虚拟现实技术特点，设计直观而有效的交互方式和界面布局。 3. 组织和执行用户测试，收集和分析用户的反馈和意见，不断改进和优化用户体验。 4. 与开发团队、美术团队等紧密合作，确保设计理念的准确传达。	1. 用户体验研究和分析的基本方法。 2. 用户界面设计和交互设计的原理和方法。 3. 用户测试和反馈收集的技巧。 4. 与开发团队合作的沟通和协作能力。 5. 用户体验评估和优化的技能		虚拟现实用户体验设计课程： （1）学习用户体验研究和分析的方法和工具。 （2）掌握用户界面设计和交互设计的原理和方法。 （3）进行用户测试和反馈收集，学习用户反馈的处理和分析技巧。	

续表

岗位	初始岗位	岗位职责	主要任务	知识点	技能点	项目化课程内容	综合学习情境设计
虚拟现实工程师		4. 与开发团队合作，确保用户体验的质量和可用性				（4）学习与开发团队合作的沟通和协作能力。 （5）完成一个虚拟现实应用的用户体验设计项目，展示所学技能和知识	
系统集成工程师	系统测试工程师	负责对军工系统进行测试、验证和调试。参与测试计划的制定，执行测试方案，分析测试结果，并提供问题解决方案。这个岗位要求具备系统测试和故障排除的技能，以确保系统的稳定性和可靠性	1. 参与测试计划的制定并执行测试方案。 2. 进行系统功能测试、性能测试和可靠性测试。 3. 分析测试结果，识别和报告问题，并提供解决方案。 4. 参与系统故障排除和问题修复	软件测试方法和技术、测试计划和策略、故障排除和问题分析	测试用例设计、测试执行和结果分析、问题解决能力、沟通和协作能力	系统集成测试项目课程： （1）课程介绍系统集成测试的基本概念和流程。 （2）学习软件测试方法和技术，包括测试用例设计、测试执行和结果分析。 （3）实践系统功能测试、性能测试和可靠性测试，分析测试结果并提供解决方案。 （4）参与模拟系统故障排除和问题修复的实际测试项目	1. 系统工程基础知识学习： （1）学习系统工程的基本概念、原理和方法论。 （2）掌握系统工程的生命周期和各个阶段的活动和任务。 （3）学习系统需求分析、系统设计和系统验证等关键过程。

续表

岗位	初始岗位	岗位职责	主要任务	知识点	技能点	项目化课程内容	综合学习情境设计
系统集成工程师	硬件集成工程师	负责将不同的硬件组件和模块集成到整个军工系统中。需要进行硬件的安装、调试和配置，确保各个组件能够正常工作并与其他系统部分进行有效的通信。这个岗位要求具备硬件设备的基本知识和操作技能	1. 安装、配置和调试硬件组件和模块。 2. 确保硬件设备的正常工作和稳定性。 3. 进行硬件接口的测试和验证。 4. 协同其他团队成员，解决硬件集成过程中的问题	硬件组件和接口、硬件调试和配置、硬件安装和布线	硬件设备操作和调试、硬件接口测试和验证、问题解决能力、团队合作能力	硬件集成与调试项目课程： （1）学习硬件组件和接口的基本知识和操作技能。 （2）实践硬件设备的安装、调试和配置。 （3）进行硬件接口的测试和验证，解决硬件集成过程中的问题。 （4）参与实际的硬件集成和调试项目，与团队协作完成任务	2. 软件工程和编程技能学习： （1）学习软件工程的基本原理和开发方法。 （2）掌握常用的软件开发过程和工具，如需求管理、版本控制、软件测试等。 （3）学习至少一种常用编程语言和相应的开发环境，如C/C++、Java等。 3. 硬件和设备知识学习： （1）学习电子和通信设备的基本原理和功能。 （2）了解军工系统中常用的硬件设备和通信协议，如雷达、通信系统等。 （3）掌握硬件设备的安装、调试和故
	软件集成工程师	负责将不同的软件模块和应用程序进行集成，以构建完整的军工系统。需要进行软件安装、配置和调试，确保各个软	1. 安装、配置和调试软件模块和应用程序。 2. 确保软件模块之间的兼容性和协同工作。	软件开发生命周期、软件模块和接口、软件配置和部署。	软件安装和配置、软件模块集成和测试、问题解决能力、协作和沟通能力	软件集成与配置项目课程： （1）了解软件开发生命周期和软件模块的基本概念。 （2）学习软件安装、配置和部署的方法和技巧。	

续表

岗位	初始岗位	岗位职责	主要任务	知识点	技能点	项目化课程内容	综合学习情境设计
系统集成工程师		件模块之间的兼容性和协同工作。这个岗位要求具备软件开发和集成的知识，熟悉常用的集成工具和技术	3. 进行软件接口的测试和验证。 4. 协同开发团队，解决软件集成过程中的问题			（3）实践软件模块的集成和测试，解决软件集成过程中的兼容性和协作问题。 （4）参与实际的软件集成和配置项目，与开发团队合作完成任务	障排除技能。 4. 系统集成技术学习： （1）学习系统集成的基本原理和方法，包括软硬件集成、接口定义和测试等。 （2）掌握系统集成过程中的配置管理和变更控制技术。 （3）学习系统集成的常见问题和解决方法，如兼容性、数据传输等。 5. 实践项目和实习经验： （1）参与系统集成相关的实践项目，如系统集成测试、接口测试等。 （2）参与军工企业的实习项目，了解实际应用场景和需求。
	网络集成工程师	负责设计、配置和管理军工系统的网络架构。需要进行网络设备的安装和调试，配置网络参数和安全设置，并确保网络的稳定性和安全性。这个岗位要求具备网络技术和网络管理的知识。	1. 设计、配置和管理军工系统的网络架构。 2. 安装和调试网络设备，配置网络参数和安全设置。 3. 进行网络性能测试和故障排除。 4. 确保网络的稳定性、安全性和可靠性	网络架构和协议、网络设备和技术、网络安全和性能优化	网络设备配置和调试、网络性能测试和故障排除、网络安全知识、团队协作能力	网络集成与安全项目课程： （1）学习网络架构和协议的基本原理。 （2）实践网络设备的配置和调试，进行网络性能测试和故障排除。 （3）学习网络安全的基本知识和安全控制的方法。 （4）参与实际的网络集成和安全项目，设计和实施网络架构和安全措施	

续表

岗位	初始岗位	岗位职责	主要任务	知识点	技能点	项目化课程内容	综合学习情境设计
系统集成工程师	系统安全工程师	负责保护和维护军工系统的安全性。需要进行系统漏洞扫描和安全评估，提供安全解决方案，以保护系统免受潜在的安全威胁。这个岗位要求学生具备网络安全和信息安全的知识，熟悉安全工具和技术	1. 进行系统安全评估和漏洞扫描。 2. 提供安全解决方案和建议。 3. 设计和实施安全措施，保护系统免受潜在的安全威胁。 4. 参与安全事件的响应和处理	系统安全原理、漏洞评估和扫描、安全控制和防护措施	漏洞扫描和评估工具使用、安全控制设计和实施、安全事件响应能力、解决问题的能力	系统安全评估与漏洞管理项目课程： （1）学习系统安全评估和漏洞扫描的基本原理和方法。 （2）实践使用漏洞评估和扫描工具进行系统安全评估。 （3）学习安全控制和防护措施的设计和实施。 （4）参与实际的安全评估和漏洞管理项目，提供安全解决方案和建议	（3）熟悉军工系统的集成和部署流程，了解系统安全和保密要求
算法工程师	算法工程师助理	1. 在该岗位上，可以作为团队的一员，协助开发和实现算法模型。 2. 参与数据预处理、特征提取、算法实现和	1. 协助团队成员进行算法研发和实现。 2. 参与数据预处理、特征提取和算法实现等工作。 3. 支持团队	1. 算法基础知识，如数据结构、算法复杂度等。 2. 编程技能，如 Python、C++等。 3. 数据处理和分析技能，包括数据预处理、特征提取等。 4. 算法调试和优化能力。 5. 文档编写和整理能力		1. 图像处理项目课程： 1）课程 1：图像特征提取与处理。 （1）学习图像处理基础知识和算法，如边缘检测、图像滤波等。 （2）实践图像特征提取和处理技术，如	1. 实际案例分析。 通过提供真实的军工应用案例，让学生分析和理解其中的算法工程问题和挑战。学生可以研究和讨论现有的算法解决方案，评估其优

续表

<table>
<tr><th>岗位</th><th>初始岗位</th><th>岗位职责</th><th>主要任务</th><th>知识点</th><th>技能点</th><th>项目化课程内容</th><th>综合学习情境设计</th></tr>
<tr><td rowspan="2">算法工程师</td><td></td><td>调试等工作。
3. 学习和应用现有的算法库和工具。
4. 支持团队成员进行算法性能评估和优化</td><td>进行算法性能评估和优化。
4. 协助进行算法相关文档的编写和整理</td><td colspan="2"></td><td rowspan="2">SIFT、HOG 等。
（3）完成基于图像特征的任务，如目标检测、图像分割等。
2）课程 2：图像增强与恢复。
（1）学习图像增强和恢复的基本原理和算法，如直方图均衡化、去噪等。
（2）实践图像增强和恢复技术，如图像去模糊、超分辨率重建等。
（3）完成基于图像增强和恢复的项目，如图像修复、图像增强应用等。
2. 信号处理项目课程：
1）课程 1：信号滤波与频谱分析。
（1）学习信号滤波的基本原理和常见滤波器设计方法，如低通滤波、高通滤波等。</td><td rowspan="2">缺点，并提出改进或新的算法设计。
2. 算法实现与编程。
学生可以进行算法实现的编程练习，使用常见的编程语言（如 Python、C++ 等）来实现军工算法，包括数据处理、模型训练和结果评估等方面。可以使用开源的机器学习库（如 Scikit-learn、TensorFlow 等）来帮助学生加快算法实现的过程。
3. 算法优化与调试。
学生可以学习算法的优化技巧和调试方法，通过对算法进行性能分析和调优，提高算法的效率</td></tr>
<tr><td>算法工程师（图像处理）</td><td>1. 在该岗位上，学生将负责军工项目中与图像处理相关的算法研发和优化。
2. 设计和实现图像处理算法，如目标检测、目标跟踪、图像增强等。
3. 参与图像处理算法的性能测试和验证。
4. 与团队合</td><td>1. 设计和实现图像处理算法，如目标检测、目标跟踪、图像增强等。
2. 进行图像数据的预处理和特征提取。
3. 参与图像处理算法的性能测试和验证。
4. 与团队紧密合作，将算法应用于军工</td><td colspan="2">1. 图像处理基础知识，如图像特征提取、图像增强等。
2. 图像处理算法，如目标检测、目标跟踪、图像分割等。
3. 图像处理工具和库，如 OpenCV。
4. 图像数据处理和预处理技能。
5. 图像算法性能评估和优化能力</td></tr>
</table>

续表

岗位	初始岗位	岗位职责	主要任务	知识点	技能点	项目化课程内容	综合学习情境设计
算法工程师		作，将算法集成到实际的军工项目中	项目中的图像处理需求			（2）实践信号滤波和频谱分析技术，如有限脉冲响应滤波器设计、快速傅里叶变换等。 （3）完成基于信号滤波和频谱分析的项目，如音频降噪、信号识别等。 2）课程2：模式识别与信号分类。 （1）学习模式识别和信号分类的基本原理和常用算法，如支持向量机、深度学习等。 （2）实践模式识别和信号分类技术，如特征提取、分类器训练等。 （3）完成基于模式识别和信号分类的项目，如语音识别、图像分类等。	和准确性。可以针对不同的军工应用场景，让学生思考如何对算法进行优化来满足实际需求。 4. 算法实验与评估。 学生可以设计和执行算法实验，使用真实或模拟的数据集进行算法测试和评估。学生需要学习如何选择适当的性能指标和评估方法，进行结果分析和比较，并提出改进算法的建议。 5. 团队合作项目。 组织学生参与团队合作项目，模拟军工企业的算法工程项目开发过程。学生可以在团队中扮演
	算法工程师（信号处理）	1. 在该岗位上，学生将参与军工项目中的信号处理算法研发和应用。 2. 设计和实现信号处理算法，如滤波、频谱分析、模式识别等。 3. 参与信号处理算法的性能分析和优化。 4. 与团队合作，将算法应用于军工系统中的通信、雷达、声纳等领域	1. 设计和实现信号处理算法，如滤波、频谱分析、模式识别等。 2. 进行信号数据的预处理和特征提取。 3. 参与信号处理算法的性能分析和优化。 4. 与团队协作，将算法应用于军工系统中的通信、雷达、声纳等领域	1. 信号处理基础知识，如滤波、频谱分析、模式识别等。 2. 信号处理算法，如数字滤波器设计、频域分析等。 3. 信号处理工具和库，如MATLAB。 4. 信号数据处理和预处理技能。 5. 信号算法性能分析和优化能力			

续表

岗位	初始岗位	岗位职责	主要任务	知识点	技能点	项目化课程内容	综合学习情境设计
算法工程师	算法工程师（机器学习/深度学习）	1. 在该岗位上，学生将负责军工项目中的机器学习和深度学习算法的研发和应用。 2. 设计和实现机器学习/深度学习模型，如分类、回归、目标检测等。 3. 参与模型训练、调优和验证工作。 4. 与团队合作，将机器学习/深度学习算法应用于军工项目中的智能决策、自主导航等领域	1. 设计和实现机器学习/深度学习模型，如分类、回归、目标检测等。 2. 进行数据预处理、特征工程和模型训练。 3. 参与模型调优和验证，确保模型性能达到要求。 4. 与团队密切合作，将机器学习/深度学习算法应用于军工项目的智能决策、自主导航等领域	1. 机器学习和深度学习基础知识，如分类、回归、神经网络等。 2. 机器学习/深度学习框架，如TensorFlow、PyTorch等。 3. 数据预处理和特征工程技能。 4. 模型训练、调优和验证技能。 5. 模型性能分析和优化能力		3. 机器学习/深度学习项目课程： 1）课程1：机器学习算法与应用。 （1）学习机器学习算法的基本原理和常见模型，如线性回归、决策树等。 （2）实践机器学习算法的应用，如特征工程、模型训练和评估等。 （3）完成基于机器学习的项目，如房价预测、用户推荐等。 2）课程2：深度学习与神经网络。 （1）学习深度学习的基本概念和神经网络结构，如卷积神经网络、循环神经网络等。 （2）实践深度学习模型的训练和调优，如图像分类、目标检测等。 （3）完成基于深度学习的项目，如人脸识别、自然语言处理等	算法工程师的角色，与其他成员协作，共同完成项目的需求分析、算法设计、实现和测试等阶段

3.3 成渝地区军工企业一线数字工匠的人才培养规格分析

近年来，军工企业面临着数字化转型的重大挑战和机遇。为了适应这一转型，军工企业需要培养一支具备数字化生产技能的高素质人才队伍。为了深入了解军工企业数字化生产一线的实际需求，笔者对成渝两地 20 家军工企业进行了调研和访谈，重点关注人力资源专员和数字化生产一线班组长的视角。

通过这次调研和访谈，本项目梳理出了成渝地区军工企业数字化生产一线的八个岗位，包括生产操作工、质量检验员、维护技术员、工艺工程师、生产计划员、物料管理员、质量改善专员和安全监督员。这些人员在生产线上扮演着关键的角色，对于保证生产的高效性、质量和安全性发挥着重要作用。

根据这些角色在生产线上的工作职责，笔者提炼出了这些角色所应具备的知识、技能和素质要求。这些要求涵盖了技术领域的专业知识、操作技能的熟练程度以及沟通、协作和问题解决能力等综合素质。

为了满足这些需求，笔者设计了“军工数字化生产线实践导论”和“实践项目和案例分析”两门核心课程。这两门课程旨在通过理论学习、实践操作和案例分析等方式，帮助学生全面掌握数字化生产一线的知识和技能，并培养其解决实际问题的能力。

此外，为了加强学生的实践能力和团队合作精神，笔者还设计了几个综合训练项目，使学生能够在真实的工作场景中进行实践，提升其应对复杂问题和团队协作的能力（见表 3-4）。

表 3-4　成渝地区军工企业一线数字工匠的人才培养规格分析

角色	职责任务	知识技能	素质	共核课程	综合项目
生产操作工（负责实际操作军工数字化生产线设备和工具，执行生产任务，确保生产过程的顺利进行）	1. 设备操作：负责操作军工数字化生产线上的设备和工具，按照操作规程和作业指导书执行生产任务。 2. 生产任务执行：根据生产计划和工作指示，准确地执行生产任务，按时完成生产指标和产量要求。 3. 质量控制：遵循质量标准和工艺要求，对生产过程中的产品进行质量检查和控制，确保产品符合质量要求。 4. 故障排除：及时发现设备故障或异常情况，进行简单的故障排查和处理，如更换零部件、调整设备参数等。 5. 保持工作区域整洁：负责保持生产现场的清洁和整洁，遵守安全规定和操作规程，确保工作环境的安全和卫生。 6. 生产记录和报告：准确记录生产数据、工时和产量等相关信息，填写生产报告和工作记录，及时反馈生产情况。	1. 设备操作与维护：熟悉军工数字化生产线上所使用的设备和工具的操作方法和维护要求，了解设备的工作原理和功能。 2. 工艺和操作规程：具备相关的工艺知识，了解生产线上的工艺流程和操作规程，能够准确地执行相关工艺要求和操作指导。 3. 质量控制和检验：了解质量标准和质量控制方法，具备进行质量检查和控制的知识和技能，能够判断产品是否符合质量要求。 4. 安全操作和规定：熟悉安全操作规定和相关安全标准，了解生产过程中的安全风险和防范措施，能够遵守安全操作规程。	1. 团队合作：具备良好的团队合作能力，能够与其他团队成员密切协作，协调工作，共同完成生产任务。 2. 细心和耐心：具备细心和耐心的特质，能够仔细执行操作规程和工艺要求，确保生产过程的准确性和质量。 3. 解决问题能力：具备解决问题和应对突发情况的能力，能够快速识别和解决生产过程中的问题，并采取适当的措施进行处理。 4. 沟通能力：具备良好的沟通能力，能够与上级、同事和其他相关人员进行有效的沟通和协调，及时反馈生产情况和问题。 5. 责任心和安全意识：具备高度的责任心	1. “军工数字化生产线实践导论”课程： 介绍军工数字化生产线一线团队中不同岗位的核心任务和所需的关键技能。 （1）课程大纲： ①介绍军工数字化生产线一线团队的概述和背景。 ②理解军工数字化生产线的发展趋势和重要性。 ③探讨数字化生产线一线团队的组成和协作方式。 （2）生产操作工的角色和任务： ①理解生产操作工在数字化生产线中的职责和任务。 ②学习设备操作、产品装配和质量控制等关键技能。	1. 数字化生产线模拟项目： 建立一个虚拟的数字化生产线模型，学生可以通过模拟操作实践生产操作工、维护技术员和生产计划员等角色的任务，了解生产流程、设备操作、故障排除等，在模拟环境中提前获得实践经验。 （1）目标：通过模拟操作实践，帮助学生熟悉数字化生产线的工作流程和操作技能。 （2）任务：学生扮演生产操作工、维护技术员和生产计划员等角色，根据模拟生产线的需求，进行设备操作、故障排除、生产计

续表

角色	职责任务	知识技能	素质	共核课程	综合项目
	7. 遵守操作规程和安全规定：严格遵守操作规程和安全操作规定，确保自身和他人的安全，防止事故和伤害的发生。 8. 团队合作：与其他团队成员密切合作，共同解决生产过程中的问题和挑战，确保生产线的顺利运行	5. 数据记录和报告：具备基本的数据记录和报告能力，能够准确记录生产数据、工时、产量等相关信息，并填写相应的生产报告和工作记录	和安全意识，能够遵守安全规定和操作规程，保障个人和他人的安全	③维护技术员的角色和任务。 ④研究维护技术员在数字化生产线中的职责和任务。 ⑤掌握设备维护和故障排除的基本技能和方法	划编制等任务。 （3）流程：模拟生产线的设备和工艺流程设定→角色扮演和操作实践→故障排除和生产计划调整→结果评估和反馈。
质量检验员（负责对生产线上的产品进行质量检查和测试，确保产品符合质量标准和规范要求）	1. 质量检验计划：制定和执行质量检验计划，根据产品特性和生产要求确定检验项目、方法和标准。 2. 检验操作：执行质量检验操作，包括使用各类检验设备和工具，进行尺寸、外观、功能等方面的检验。 3. 质量问题识别：识别和记录产品的质量问题，包括缺陷、不合格项和异常情况，并进行分类和记录。 4. 数据分析和报告：分析质量检验数据，制作质量报告，及时	1. 质量管理知识：了解质量管理的基本原理和方法，熟悉质量控制和质量管理体系，包括 ISO 标准和相关质量管理标准。 2. 检验方法和标准：熟悉质量检验的各种方法和工具，包括尺寸测量、外观检查、功能测试等，了解相关的国家标准和行业标准。 3. 检验设备和工具：熟悉常用的质量检	1. 严谨细致：具备严谨的工作态度和细致的观察力，能够仔细执行质量检验流程和标准，确保检验结果的准确性和可靠性。 2. 问题解决能力：具备分析和解决问题的能力，能够快速识别和分析质量问题，并提出解决方案和改进措施。 3. 沟通协作能力：良好的沟通与协作能	（3）生产计划员的角色和任务： ①理解生产计划员在数字化生产线中的职责和任务。 ②学习生产计划编制、资源调配和优化的关键技能。 ③质量管理员的角色和任务。 ④探讨质量管理员在数字化生产线中的职责和任务。 ⑤研究质量检验、数据分析和问题解决的核心技能。 （4）工艺工程师的	2. 质量管理实践项目： 学生可以参与一个质量管理实践项目，从质量检验员和质量改善专员的角度出发，学习质量检验方法、数据分析和问题解决技巧，通过实际项目中的质量控制和改进活动，提高自己的质量管理能力。 （1）目标：通过实际项目参与，培养学生在质量管理

续表

角色	职责任务	知识技能	素质	共核课程	综合项目
	向相关部门和人员汇报检验结果和问题，提出改进意见。 5. 问题解决和改进：参与质量问题的解决和改进工作，与相关部门合作，分析问题原因，提出改进措施并推动实施。 6. 质量培训和指导：参与质量培训计划，培训生产操作工和其他团队成员的质量意识和质量控制技能。 7. 合规性检查：执行产品的合规性检查，确保产品符合相关标准、法规和合同要求。 8. 检验设备维护：负责检验设备的维护和校准，确保设备正常工作和检验结果的准确性。 9. 合作与沟通：与生产操作工、工程师和其他相关人员进行紧密合作和沟通，共同解决质量问题和提升生产质量	验设备和工具，如量具、显微镜、硬度计、光谱仪等，了解其使用方法和维护要求。 4. 质量问题分析：具备质量问题分析和解决的能力，能够使用统计工具和质量管理方法，如6、σ、PDCA循环等，分析质量问题的根本原因。 5. 技术图纸解读：能够准确解读和理解产品的技术图纸和工程图纸，了解产品的设计要求和规范	力，能够与生产操作工、工程师和其他团队成员有效合作，进行信息交流和问题解决。 4. 自主学习能力：具备自主学习和持续学习的能力，跟进质量管理领域的新知识和技术，不断提升自身的专业水平。 5. 责任心和安全意识：具备高度的责任心和安全意识，注重工作细节和质量要求，确保产品的安全性和合规性	角色和任务： ①理解工艺工程师在数字化生产线中的职责和任务。 ②学习工艺规划、改进和优化的关键技能。 （5）安全监督员的角色和任务： ①研究安全监督员在数字化生产线中的职责和任务 ②掌握安全风险评估、培训和应急处理的关键技能 （6）物料管理员的角色和任务： ①理解物料管理员在数字化生产线中的职责和任务。 ②学习物料需求计划、供应链管理和库存控制的核心技能。 2. “实践项目和案例分析”课程： 学生参与模拟项目	方面的能力，包括质量检验、数据分析和质量改进。 （2）任务：学生参与质量检验、数据收集和分析，提出质量改进建议并实施改进措施。 （3）流程：项目需求和目标设定→质量检验和数据收集→数据分析和问题识别→提出改进建议→实施改进措施→效果评估和总结。 3. 工艺优化项目： （1）目标：通过工艺优化项目，提升学生在工艺工程方面的能力，包括工艺规划、数据分析和效率提升。

续表

角色	职责任务	知识技能	素质	共核课程	综合项目
维护技术员（负责设备的日常维护和保养工作，发现并修复设备故障，确保设备的正常运行）	1. 设备维护与保养：负责军工数字化生产线上各种设备的维护和保养工作，包括定期检查、清洁、润滑、校准等，确保设备的正常运行。 2. 故障排除与修复：负责设备故障的排查、分析和修复工作，通过故障排除流程，找出故障原因并采取相应的维修措施，以最小化生产线的停机时间。 3. 预防性维护：根据设备的维护计划和生产线需求，进行预防性维护工作，包括更换易损件、调整设备参数、优化设备性能等，以确保设备的可靠性和稳定性。 4. 维护记录和数据分析：记录设备维护和保养的相关信息，包括维护日期、维护内容、使用的工具和材料等，进行数据分析，评估设备维护效果和维护成本。 5. 设备改进和优化：与工程师和生产团队合作，参与设备改进和优化工作，提出设备性能提升和效率改进的建议，并协助实施相关的改进项目。	1. 设备知识：熟悉所负责设备的工作原理、结构和功能，了解设备的使用方法、维护要求和故障排除流程。 2. 维护技术：掌握设备的维护和保养技术，包括设备的清洁、润滑、校准、更换易损件等操作。 3. 故障排除与修复：具备故障排查和修复的能力，熟悉常见故障现象和故障排查方法，能够迅速定位故障原因并采取相应的修复措施。 4. 数据分析能力：具备对设备维护和故障数据进行分析的能力，能够从数据中发现问题、确定趋势，并提出改进建议。 5. 安全知识：了解设备安全操作规程和	1. 技术熟练：具备扎实的技术功底，能够熟练操作和维护所负责的设备，并能够理解和解读设备的技术文档和图纸。 2. 问题解决能力：具备分析和解决问题的能力，能够快速识别设备故障原因，并采取合适的措施进行修复。 3. 细致耐心：对维护和保养工作要有耐心和细致的态度，能够仔细观察和检查设备，确保每个细节都得到妥善处理。 4. 团队合作：具备良好的团队合作精神，能够与其他团队成员紧密协作，共同解决设备相关的问题，确保生产线的正常运行。 5. 学习能力：具备持续学习和自我提升	和案例分析，运用所学知识解决实际问题。 分享和讨论项目经验，提升团队协作和问题解决能力。 通过这门课程，学生将了解军工数字化生产线一线团队中不同岗位的核心任务和所需的关键技能。课程可以结合理论讲解、案例分析和实践项目，帮助学生建立对实际工作环境的认知，并培养相关技能和素质。同时，课程还可以提高学生的团队合作和沟通能力，为他们未来在军工数字化生产线一线团队中的职业发展奠定坚实的基础	（2）任务：学生分析生产工艺，通过数据分析和优化方法，改进工艺流程，提高生产效率和质量。 （3）流程：项目需求和目标设定→工艺分析和数据收集→数据分析和问题发现→工艺改进方案提出→实施工艺改进→效果评估和总结。 4. 安全管理项目： 学生参与一个安全管理项目，担任安全监督员的角色。项目中，学生需要了解安全规范和管理要求，参与安全风险评估、安全培训和事故处理

续表

角色	职责任务	知识技能	素质	共核课程	综合项目
	6. 安全监控与维护：负责设备的安全监控和维护工作，确保设备符合安全标准和规定，及时发现并解决安全隐患。 7. 协调与沟通：与生产操作工、质量检验员和其他团队成员进行紧密协调和沟通，共同解决设备相关的问题，保障生产线的正常运行。 8. 知识更新与培训：随着技术的发展，持续学习和更新相关设备的知识，参与培训计划，提高自身的技术水平和专业能力	相关安全标准，具备安全意识和安全风险评估的能力	的意识，跟踪行业的新技术和发展动态，不断提高自身的专业知识和技能。 6. 压力管理：能够在工作压力下保持冷静和应对能力，处理设备故障时能够快速反应并采取有效措施		等工作，培养安全意识和应急处理能力。 （1）目标：通过参与安全管理项目，培养学生在安全管理方面的能力，包括安全风险评估、培训和事故处理。 （2）任务：学生参与安全风险评估，进行安全培训和事故处理工作，提高安全意识和应急处理能力。 （3）流程：项目需求和目标设定→安全风险评估→安全培训和意识提升→应急演练和事故处理→效果评估和改进。
工艺工程师（负责制定和优化生产线的工艺流程，根据产品要求设计生产工艺和工作指导书，提高生产效率和质量）	1. 工艺规划与设计：根据产品设计要求，制定适合的生产工艺路线和工艺流程，包括材料选择、加工方法、工序安排等，确保生产过程的高效性和质量。 2. 工艺改进与优化：通过分析生产过程中的瓶颈和问题，提出工艺改进的建议和方案，优化工艺参数、工艺设备和工艺流程，提高生产效率和产品质量。 3. 工艺文件编制：编制和维护	1. 工艺知识：熟悉军工产品的工艺要求和特点，了解材料的性能和加工特性，掌握军工生产过程中的各种加工方法和工艺流程。 2. 设备知识：对生产线上使用的各种加工设备和工艺设备有深入的了解，包括其工作原理、操作方法和调	1. 分析解决问题能力：具备分析和解决问题的能力，能够独立分析工艺问题、生产瓶颈和质量异常，并提出相应的解决方案。 2. 创新意识：具备创新思维和创新意识，能够提出新的工艺方法和技术方案，推动生产线的技术升级和创		

续表

角色	职责任务	知识技能	素质	共核课程	综合项目
	工艺文件，包括工艺流程图、工艺指导书、加工规程等，确保工艺信息的准确性和可操作性。 4. 工艺验证与验证：参与新产品的工艺验证和工艺审核工作，确保工艺方案的可行性和生产线的适应性，提供技术支持和解决方案。 5. 工艺参数控制：制定和管理工艺参数的控制标准，监控生产过程中关键参数的稳定性和一致性，确保产品的稳定品质。 6. 工艺技术支持：为生产人员提供工艺技术支持和培训，解答工艺操作中的问题，指导操作人员正确使用工艺设备和工具。 7. 过程改进与问题解决：参与生产过程中的问题分析和解决，利用工程方法和质量管理工具，如 PDCA 循环、Sigma 等，推动持续改进和质量提升。 8. 技术沟通与协调：与设计师、生产团队、质量部门等进行紧密沟通和协调，共同解决工艺相关的问题，确保生产线的顺利运行	试维护技术。 3. 质量管理知识：了解质量管理体系和方法，熟悉质量控制标准和检测方法，能够进行工艺参数的控制和质量分析。 4. 工程管理知识：具备项目管理和工程管理知识，了解项目开发的各个阶段和管理流程，能够有效组织和协调团队工作。 5. 数据分析能力：能够运用数据分析工具和方法，对生产数据进行统计分析和挖掘，从数据中发现问题和优化机会。 6. 制造工程技术：了解制造工程技术的理论和方法，包括工艺规划、工装设计、生产线布局等，能够应用相应技术进行生产线的优化和改进	新。 3. 沟通协调能力：良好的沟通和协调能力，能够与设计师、生产团队、质量部门等有效沟通和协作，解决工艺相关的问题。 4. 团队合作精神：具备良好的团队合作精神，能够与团队成员密切合作，共同解决工艺问题，推动生产线的顺利运行。 5. 压力管理能力：能够在工作压力下保持冷静和应对能力，处理工艺问题时能够快速反应并采取有效措施。 6. 持续学习精神：具备持续学习和自我提升的意识，跟踪行业的新技术和发展动态，不断提高自身的专业知识和技能		5. 物料管理项目：学生参与一个物料管理项目，担任物料管理员的角色。通过实践项目，学生需要学习物料需求计划、供应链管理和库存控制等知识，提高物料管理和配送能力。 （1）目标：通过参与物料管理项目，培养学生在物料管理方面的能力，包括物料需求计划、供应链管理和库存控制。 （2）任务：学生参与物料需求计划，管理供应链和控制库存，确保物料供应的准确性和及时性。 （3）流程：项目需求和目标设定→物料需求计划和供应链管理→物料采购和配送→库存控制和优化→效果评估和改进

续表

角色	职责任务	知识技能	素质	共核课程	综合项目
生产计划员（负责制定生产计划，根据订单和需求安排生产任务，协调资源和人力，确保生产进度和交货期的达成）	1. 生产计划制定：根据销售订单、产品需求和生产能力，制定详细的生产计划，确定生产任务的数量、时间和顺序，确保生产线的平稳运行和交货期的满足。 2. 生产资源调配：协调各个生产环节所需的人力、设备和原材料资源，合理安排资源的分配和利用，确保生产线资源的充分利用和生产效率的提高。 3. 生产进度跟踪：监控生产任务的执行情况，跟踪生产进度，及时发现生产延误或异常情况，并采取相应措施解决问题，确保生产计划的顺利执行。 4. 库存管理：控制和管理生产线上的半成品和成品库存，根据生产计划和库存情况，调整生产任务的优先级和数量，避免库存积压和缺货情况的发生。 5. 生产数据分析：收集、整理和分析生产数据，包括生产数量、生产效率、质量指标等，评估生产线的运行状态和效果，提出改	1. 生产计划原理和方法：了解生产计划的基本原理和常用方法，包括生产需求分析、排程、调度和控制等方面的知识。 2. 供应链管理：理解供应链管理的概念和关键要素，包括物料采购、供应商管理和库存控制等方面的知识。 3. 生产工艺和流程：熟悉数字化生产线的工艺和流程，了解不同工序之间的关系和依赖。 4. 数据分析与决策支持：具备数据分析和统计方法的基本知识，能够利用数据进行生产计划分析和决策支持。 5. 生产计划编制：能够根据生产需求和	1. 细致和准确：具备细致和准确的工作态度，能够仔细分析生产需求和数据，制定准确的生产计划。 2. 解决问题能力：具备解决问题的能力和决策能力，能够在面临生产计划调整和问题处理时快速做出合理的决策。 3. 压力管理：能够在工作中应对压力和紧急情况，保持冷静和有效应对，确保生产计划的稳定实施。 4. 团队合作：具备团队合作精神，能够与其他团队成员紧密协作，共同实现生产目标。 5. 沟通与协作：具备良好的沟通和协调能力，能够与生产操作		

续表

角色	职责任务	知识技能	素质	共核课程	综合项目
	善措施和优化建议。 6. 生产问题解决：协调解决生产中的问题和异常情况，如设备故障、材料短缺、工艺问题等，与相关部门进行沟通和协调，确保问题的及时解决和生产的正常进行。 7. 跟踪质量要求：确保生产过程符合质量要求和标准，与质量部门紧密合作，监督质量检测和质量控制措施的实施，确保产品质量的稳定。 8. 生成生产报告：编制和提交生产报告，包括生产进度报告、产能利用率报告、库存报告等，向上级管理层和相关部门汇报生产情况和问题。 9. 与供应链协调：与供应链部门进行协调，及时了解原材料的供应情况和变动，调整生产计划和资源分配，确保供应链的稳定和生产的顺利进行。 10. 协助生产改进：参与生产流程改进和优化工作，提出改善建议和措施，推动生产线的效率提升和质量改进	资源情况，制定合理的生产计划，包括排程、调度和资源分配等。 6. 生产进度跟踪与协调：具备跟踪生产进度的能力，能够及时发现和解决生产中的问题，并协调各部门之间的配合。 7. 数据分析与优化：能够利用数据分析方法，对生产计划进行优化和改进，提高生产效率和资源利用率	工、维护技术员、质量管理员等其他团队成员有效合作，实现生产计划的顺利执行		

续表

角色	职责任务	知识技能	素质	共核课程	综合项目
物料管理员（负责物料的采购、入库、发放和库存管理工作，确保生产所需的物料供应和流转。）	1. 物料管理：负责对生产线上所需的物料进行管理，包括物料的采购、领取、配发和退还等工作，确保物料的及时供应和有效利用。 2. 仓库管理：负责对生产线上的物料进行仓库管理，包括物料的入库、出库、盘点和库存管理等工作，保证物料的安全存放和准确记录。 3. 物料计划：根据生产计划和物料需求，制定物料采购计划，包括物料的种类、数量和采购时间等，确保生产线上物料的供应与需求的匹配。 4. 供应商管理：与供应商进行联系和协调，建立供应商档案，评估供应商的能力和信誉，并与供应商进行合作和谈判，以获得合适的物料供应。 5. 物料质量管理：负责对进货物料进行质量检验，确保物料的质量符合标准要求，及时发现并处理不合格物料，避免不良物料	1. 物料管理知识：了解物料管理的基本原理、流程和方法，熟悉物料采购、仓库管理和供应链管理等相关知识。 2. 军工物料知识：熟悉军工领域的物料特点、规范和标准，了解军工物料的分类、特性和用途，具备相关军工物料知识。 3. 供应链管理知识：了解供应链管理的基本概念和原则，熟悉供应商选择、合作和评估等方面的知识，能够有效管理物料供应链。 4. 采购知识：了解采购流程、采购合同和采购谈判等知识，熟悉采购技巧和采购风险管理，能够进行物料的有效采购	1. 细致认真：具备细致认真的工作态度，能够仔细核对物料信息和记录，确保准确性和完整性。 2. 沟通协调：具备良好的沟通和协调能力，能够与供应商、采购部门和生产团队等进行有效的沟通和协调。 3. 组织能力：具备较强的组织能力，能够合理安排物料进货、出库和仓库管理等工作，确保物料供应的及时和顺畅。 4. 解决问题能力：具备解决问题的能力，能够及时发现和处理物料管理中的问题和异常情况，采取有效的措施解决。 5. 抗压能力：能够		

续表

角色	职责任务	知识技能	素质	共核课程	综合项目
	进入生产线。 6. 物料跟踪与追溯：跟踪物料的流向和使用情况，进行物料的追溯和记录，确保物料的溯源可追，以便追查问题和处理异常情况。 7. 物料优化与改进：监控物料使用情况和库存水平，提出物料优化和改进的建议，包括替代物料的选用、库存控制策略的制定等，以提高物料管理的效率和成本控制。 8. 协调与沟通：与生产计划员、采购部门、生产团队等进行有效的沟通和协调，及时了解生产线的物料需求和变动，确保物料供应的顺畅和生产计划的顺利执行。 9. 数据记录和报告：对物料管理工作进行记录和报告，包括物料的采购记录、库存报告、物料使用情况等，向上级管理层和相关部门提供准确的物料信息和数据报告	5. 仓库管理知识：了解仓库管理的基本原则和方法，熟悉物料入库、出库、库存管理和盘点等方面的知识，能够有效管理物料仓库。 6. 质量管理知识：熟悉物料质量管理的基本要求和方法，了解质量检验和质量控制的相关知识，能够确保物料的质量符合要求。 7. 数字化生产线知识：了解数字化生产线的工作原理和流程，熟悉数字化生产线上常用的物料管理系统和工具，具备数字化生产线管理知识	在工作压力下保持冷静和应对挑战，具备良好的抗压能力。 6. 掌握软件工具：熟练掌握物料管理相关的软件工具和系统，能够灵活运用这些工具进行物料管理工作		

续表

角色	职责任务	知识技能	素质	共核课程	综合项目
质量改善专员（负责分析生产过程中的质量问题，提出改进措施和解决方案，持续改善生产线的质量水平）	1. 质量改善计划：制定和实施质量改善计划，根据生产线的需求和质量目标，提出改进方案和措施，以提高产品和生产过程的质量。 2. 质量问题分析：对生产线上出现的质量问题进行分析和调查，收集相关数据和信息，找出问题的根本原因，并提出解决方案和改进建议。 3. 流程优化：分析生产线上的工艺流程和操作规范，提出优化建议，改进工艺流程和操作方法，以提高生产效率和产品质量。 4. 质量培训和指导：组织和开展质量培训，向生产线员工传授质量管理知识和技能，提高员工的质量意识和质量管理能力。 5. 质量数据分析：收集、整理和分析质量数据，如不良品率、退货率、客户投诉等，评估产品质量状况，发现潜在的质量问题，并提供改进建议。 6. 质量监控和检验：制定质量	1. 质量管理原理和方法：了解质量管理的基本原理和常用方法，包括质量控制、质量改进和质量保证等方面的知识。 2. 军工质量标准：熟悉军工领域的质量标准和要求，包括国家标准、军工标准和客户要求等相关知识。 3. 统计过程控制：理解统计过程控制的方法和工具，能够进行质量数据分析和过程稳定性评估。 4. 质量管理体系：了解质量管理体系（如ISO 9001）的要求和实施方法，具备相关的知识。 5. 质量问题分析与解决：能够分析质量问题的根本原因，运用质	1. 分析思维与问题解决能力：具备分析问题和解决问题的能力，能够快速找出质量问题的根本原因，并提出有效的改进方案。 2. 细致和准确：具备细致和准确的工作态度，能够仔细分析质量数据和问题信息，确保质量分析和改善的准确性。 3. 团队合作：具备团队合作精神，能够与其他团队成员紧密协作，共同推动质量改善和问题解决。 4. 沟通与协调能力：良好的沟通和协调能力，能够与生产操作工、工艺工程师、质量检验员等各个环节的人员有效沟通和协调，推动质量改善工作的		

续表

角色	职责任务	知识技能	素质	共核课程	综合项目
	监控和检验方案，监控生产线上的质量状况，进行质量抽检和样品检验，确保产品符合质量标准和规范要求。 7. 质量标准和流程制定：参与制定和修订质量标准和流程文件，确保生产线上的操作符合质量管理体系的要求，提高生产线的标准化和规范化水平。 8. 质量审核和评估：参与质量管理体系的审核和评估工作，检查和评估生产线的质量管理实施情况，发现问题并提出改进建议。 9. 质量沟通与合作：与生产线相关部门和团队进行紧密合作，及时沟通质量问题和改善计划，共同推动质量改进和问题解决。 10. 过程控制和纠正措施：制定过程控制措施，监控生产过程中的关键环节和关键参数，及时纠正异常，防止质量问题的发生。 11. 持续改进：推动质量管理体系的持续改进，通过不断优化和创新，提高生产线的质量水平和竞争力	量工具和方法找出解决方案，并推动问题的改进和解决。 6. 测量与测试技术：掌握质量测量和测试的基本技术和方法，能够进行产品和工艺的测量和测试，以确保质量的可控性。 7. 数据分析与统计方法：具备数据分析和统计方法的基本能力，能够分析质量数据、制定质量指标和进行趋势分析。 8. 过程改进与优化：具备过程改进和优化的能力，能够通过流程优化和控制措施的制定，提高生产过程的稳定性和质量水平。 9. 军工质量管理实践：熟悉军工质量管理的实践要求和方法，能够根据军工标准和客户要求，制定适用的质量管理方案	顺利进行		

续表

角色	职责任务	知识技能	素质	共核课程	综合项目
安全监督员（负责监督生产线的安全操作和安全管理工作，确保员工的安全意识和遵守安全规定）	1. 安全管理制度：负责制定、落实和执行生产线的安全管理制度和规章制度，确保员工遵守安全操作规程和安全管理要求。 2. 安全培训与教育：组织开展安全培训和教育活动，向员工传授安全知识和技能，提高员工的安全意识和应急处理能力。 3. 安全检查与监督：定期进行安全检查和巡视，发现安全隐患和问题，并采取相应的纠正措施，确保生产线的安全运行。 4. 安全风险评估：进行安全风险评估和分析，识别潜在的安全风险和危险源，提出改善措施和预防措施，降低事故发生的概率。 5. 事故调查与报告：负责对事故和安全事件进行调查和分析，确定事故原因，提出事故处理措施和预防措施，并及时向相关部门报告。 6. 安全应急管理：参与制定和实施安全应急预案，组织安全演练和应急演练，提高生产线应对	1. 安全法律法规：熟悉国家和行业相关的安全法律法规，了解安全生产的政策和要求，能够根据法律法规进行安全管理工作。 2. 安全管理知识：具备扎实的安全管理知识，包括安全风险评估、事故调查与分析、安全培训与教育、应急管理等方面的知识。 3. 技术专业知识：了解军工数字化生产线的工艺流程、设备操作和安全防护措施，具备相关技术专业知识，以便能够有效管理和指导安全工作。 4. 安全管理工具与方法：熟悉安全管理的工具和方法，如安全检查表、安全风险评估工具、事故调查报告等，	1. 团队合作与协调能力：能够与其他部门和团队紧密协作，共同推动安全管理工作，解决安全问题和隐患。 2. 责任心与敬业精神：具备高度的责任心和敬业精神，对安全工作充满热情，能够主动承担责任，确保生产线的安全运行		

续表

角色	职责任务	知识技能	素质	共核课程	综合项目
	突发事件的能力和反应速度。 7. 安全技术支持：提供安全技术支持和咨询，协助相关部门进行安全设备和安全防护措施的选型和布局，确保设备和工艺的安全性。 8. 安全数据管理：负责收集、整理和分析安全数据，如事故报告、安全指标和安全记录，评估安全绩效，提出改进建议。 9. 合规性管理：确保生产线遵守国家和行业的安全法规和标准，跟踪和解读相关政策，并及时调整和更新安全管理制度。 10. 安全文化建设：推动安全文化建设，加强员工的安全意识和安全责任感，营造积极的安全氛围和工作环境。 11. 安全协调与合作：与其他部门和团队进行紧密协作，共同推动安全管理工作，分享安全经验和最佳实践	能够运用这些工具和方法进行安全管理工作。 5. 事故调查与分析能力：具备事故调查和分析的能力，能够准确判断事故原因，提出相应的改进措施和预防措施，以避免类似事故再次发生。 6. 安全培训与沟通能力：具备良好的安全培训和沟通能力，能够向员工传授安全知识和技能，有效沟通安全要求和措施。 7. 风险识别与预防能力：能够识别潜在的安全风险和危险源，提出相应的预防措施和改进措施，以降低事故发生的概率。 8. 应急处理能力：具备应急处理能力，能够在紧急情况下迅速反应、决策和组织应对，保障人员安全和控制事故现场			

4

PART ONE

重庆电讯职业学院军工数字化专业群适应性建设方案

4.1 军工数字化专业群整体建设方案

4.1.1 背景与目标

军工行业正面临数字化转型的挑战和机遇，为满足行业发展需求，重庆电讯职业学院决定建设军工数字化专业群。该专业群旨在培养具备数字化设计与制造、工业互联网、智能制造技术与应用等领域的专业知识和实践能力的高素质人才，为军工行业的数字化转型提供有力支持。

4.1.2 总体思路

（1）以立德树人为根本，坚持军民融合发展，把爱国主义教育和国防教育贯穿专业教育全过程。

（2）紧跟军工数字化转型大趋势，积极对接区域军工企业需求。按照通用技术标准和模块化原则，优化调整现有专业，设置新兴专业。

（3）坚持军民融合发展；坚持校企合作，实习实训基地建设；聘请企业专家进驻校企合作平台，共同开发课程标准、教材和实训项目。

4.1.3 专业群定位与规划

专业群名称：军工数字化专业群

1. 目标定位

本专业群旨在培养具备推动军工企业数字化转型能力的高素质专业人才，以满足军工产业升级需求，推动军工企业实施数字化转型，提升军工装备制造和管理水平。

2. 专业群职责

（1）设计和开发与军工企业数字化转型相关的技术和解决方案。

（2）培养掌握军工企业数字化转型和管理知识的高级技术人才。

（3）提供军工企业数字化转型咨询和服务。

（4）进行军工企业数字化转型的研究与创新，推动行业发展。

3. 专业群发展方向

1）军工智能制造与工业互联网技术

培养掌握智能制造和工业互联网技术的专业人才，推动军工企业实施数字化制造和智能化管理。

2）军工数据分析与决策支持

培养具备数据分析和决策支持能力的专业人才，提供军工企业数字化转型的数据分析和决策支持服务。

3）军工信息安全与网络防护

培养具备信息安全和网络防护专业知识的人才，维护军工企业数字化转型过程中的信息安全，以及进行网络防护。

4）军工项目管理与运营优化

培养掌握项目管理和运营优化技能的专业人才，提升军工企业项目管理和运营水平。

4. 专业设置

基于军工领域数字化转型的需求以及相关行业的发展趋势，军工数字化专业群由以下专业构成：

1）信息工程技术专业

这是军工企业数字化转型中最核心的专业之一。该专业培养的学生应在计算机网络、软件开发、数据库管理等方面具备相应技能，能够满足军工企业数字化转型中的信息化需求。

2）电子信息工程专业

该专业培养的学生应在电子技术、通信技术、嵌入式系统等方面具备相应知识和技能。这些技能对于军工企业数字化转型中的通信设备、电子设备以及智能化系统的开发和维护至关重要。

3）自动化技术专业

自动化技术在军工企业数字化转型中扮演着重要角色。该专业培养的学生应在自动化控制、工业机器人、智能制造等方面具备相应能力，能够满足军工装备的数字化升级和自动化改造需求。

4）智能制造技术专业

智能制造是军工企业数字化转型的重要领域之一。该专业培养的学生应在数字化工厂、智能制造系统、数据分析与决策等方面具备相应能力，能够为军工企业提供智能化生产解决方案。

5）人工智能应用专业

人工智能在军工领域被广泛应用。该专业培养的学生应在机器学习、深度学习、自然语言处理等方面具备相应技能，能够满足军工领域中的智能决策、模式识别、智能感知等需求。

6）数据科学与大数据技术专业

数据科学和大数据技术在军工企业数字化转型中发挥着重要作用。该专业培养的学生应在数据分析、数据挖掘、大数据平台搭建等方面具备相应能力，能够为军工企业提供数据驱动的决策支持。

5. 传统专业数字化升级与新增专业

这些专业之间的交叉与协同也非常重要，可以通过开设跨专业的选修课程或者组织项目团队合作等方式进行学生综合能力的培养。同时，要处理好传统专业数字化升级和新增专业之间的关系。

（1）传统专业数字化升级。比如机电一体化技术、数控技术、电子技术、计算机网络技术等专业更新教学内容和训练项目：

①增加数控编程、工业机器人应用等新课程。

②引入虚拟仿真软件和数字化设备。

③设置紧密对接军工行业需求的专业方向。

（2）新增专业。比如新增无人机制作与维护、军工电子技术、军工机器人技术、军工数控技术、现代军工材料技术等专业。这些专业设置将紧密对接区域军工企业的用工需求，比如：

①邀请企业对新专业提出建议。

②配备先进的实训设备和数字化车间。

③聘请企业工程师担任专业带头人。

④聘请行业专家进行专业评估及规划。

（3）传统专业数字化升级与新增专业间的关系。数字化升级后的传统专业和新增专业需要密切配合，才能发挥协同效应。首先，传统专业数字化升级为新增专业奠定基础。比如机电一体化、数控技术等专业的数字化升级，为后来的无人机制造、军工机器人等新专业的开设提供了课程教学资源支撑。其次，新增专业促进了传统专业的进一步数字化。军工电子、军工数控等新兴专业对传统专业提出了更高的数字化要求，促进了传统专业的持续优化。

4.1.4 专业群治理模式

军工数字化专业群整合模式有两大特征：一是有较强的产业聚焦性，群内专业聚焦于军工产业，尤其是已经或正在进行数字化转型的军工企业；二是群内专业之间的知识关联度不强，不同专业之间在专业技术领域上的跨度较大。因此，在专业群的组织管理上采取一种松散管理模式，即将群内不同专业纳入不同院系进行管理，同时，构建跨院系的专业群合作委员会，委员会成员协商群内相关事项，包括跨院系合作开发共核课程体系、行业特色类课程、行业特色教学资源供学生选择。教师团队建设方面由于该专业群师资缺乏共通的学科技术基础，主要采取专兼紧密结合的模式，群内各专业间的教师合作以跨专业的虚拟教研室为主。

4.1.5 课程体系建设

1. 开设专业群核心课程和选修课程，覆盖军工企业数字化转型的关键领域

1）核心课程

“数字化设计与仿真”“工业互联网技术与应用”“智能制造系统”等课程旨在帮助学生理解和掌握数字化制造技术及其应用。

2）选修课程

根据市场需求和学生兴趣，设置与虚拟现实技术、大数据分析、机器人技术等相关的选修课程。

3）拓展课程

增设与军工文化、军事技术与装备知识、军工法律与政策等相关的课程，加强学生对军工行业特点和要求的了解。

2. 引入案例分析、项目实践等教学方法，培养学生的问题分析与解决能力

教师组织学生对较为典型的军工设备数字化改造案例进行分析，提出改造方案；组织学生参与军工企业的数字化改造项目，引导学生在实践中学习。

3. 定期评估和更新课程内容，确保与军工企业数字化转型的最新要求同步

学校应每学期邀请军工企业专家对课程设置进行评估，根据设备更新、过程优化等情况，调整课程内容；组建专家库，及时跟踪军工数字化最新动态，

将新技能、新流程等纳入教学内容。

4.1.6 实训基地建设

1. 校内实训室建设

配备数字化车间、智能制造实训线等军工数字化设备，提供模拟实训环境。

1）配置设备先进的数字化车间和智能制造线

数字化车间可配置数控机床、工业机器人、AGV 小车等设备，实现军工装备零部件的数字化加工；智能制造线可配置工业相机、传感器等，实现质量检测和流程控制的智能化。

2）配置真实的军工装备和系统仿真平台

配备退役的军用装甲发动机、火控雷达作为实训装备；建设虚拟仿真平台，模拟武器系统的工作过程，进行故障诊断、维护培训。

3）建设具有军工特色的创新创业基地

成立军工装备创新设计工作室，开展无人机、机器人等军民融合项目；建立孵化中心，支持学生军工技术成果转化为创业项目。

2. 校外实训基地建设

学校可以与区域军工企业合作，为学生提供产业环境浸润和项目实训机会。

1）与军工企业共建产学研基地

筹备与某航空制造企业共建的产学研基地，进行无人机技术的合作研发。

2）学生到基地进行项目实训和岗前培训

学生到该无人机产学研基地，参与新型农用无人机的设计及飞行控制系统开发，接受项目实训。

3）教师到基地进行技术提升和项目合作

教师到基地学习无人机设计流程，参与飞控算法优化项目，实现技术能力的提升。

4.1.7 教学团队建设

1. 聘请企业工程师担任专业教师，充分利用双师型教师的工程经验和技能展示能力

（1）聘请具有实战经验的企业技术专家。如，聘请从事过军工数控加工设备研发的专家负责数字化车间实训课程。

（2）聘请企业退休技术骨干担任专业教师。如，聘请某军工科研院所退休技术专家担任专业教师，传授光电制导实训经验。

（3）聘请兼职教师开设专业核心课程。如，聘请军工企业工程师兼职开设“数字化设计”“智能制造系统”等核心课程。

2. 鼓励教师到企业挂职锻炼，提升教师对企业技术动态和岗位要求的敏感性

（1）选派专业教师到企业挂职 1~3 个月。例如，每学期选派 3 名中青年教师到某装甲发动机制造企业挂职 2 个月。

（2）挂职期间教师轻装上阵，点对点学习企业技术；参与数字化车间设备调试，了解设备运行规程；掌握产品设计评审，学习设计标准。

（3）教师返校后总结提炼出可推广的经验做法，将企业实施的质量控制考核机制推广应用到实训教学过程中。

（4）引导教师将挂职经验转化为教学案例，利用企业数字化车间实例，设计相应的实训项目案例。

3. 建立教学创新与研讨机制，组织教师参与教学研究与交流活动，促进教学成果转化

（1）定期召开专业教研会，推进教学改革。例如，每月召开一次专业教研会，研讨智能制造专业教学方法的改进。

（2）选派优秀教师到高校进修提高。例如，每年选派 2 名青年教师到定点合作的军队院校进行专业教学进修。

（3）鼓励教师撰写专业教学论文和总结实训案例。设立专业教学优秀论文奖，鼓励教师总结数字化车间实训案例。

4.2 军工数字化专业群的教学资源与师资队伍适应性建设方案

4.2.1 增强军工数字化专业群适应性的意义

增强高职院校军工数字化专业群的适应性对于职业技术教育领域来说具有重要意义。

1. 满足军工行业需求

军工行业正处于数字化转型的关键时期，对于具备数字化技术和能力的专业人才的需求越来越高。通过增强高职院校军工数字化专业群的适应性，可以培养更多与军工行业需求对接的专业人才，为军工企业提供所需的数字化技术和人才支持，满足行业发展的需求。

2. 提升就业竞争力

随着数字化转型进程的加快，军工行业对于掌握先进数字化技术和工具的人才需求日益增长。通过增强高职院校军工数字化专业群的适应性，学生将具备与行业发展趋势相符的专业知识和技能，提高他们在就业市场上的竞争力，增加就业机会。

3. 推动军工行业创新发展

数字化转型为军工行业带来了新的技术和工作方式，推动了军工行业的创新发展。通过增强高职院校军工数字化专业群的适应性，可以培养具备创新思维和实践能力的专业人才，为军工行业的创新发展注入新的动力，促进技术进步和产业升级。

4. 培养复合型人才

军工行业数字化转型需要具有综合专业能力的人才，这种专业能力不仅涉及技术层面，而且包括项目管理、团队合作、沟通能力等方面。增强高职院校军工数字化专业群的适应性，可以培养出具备综合能力的复合型人才，他们能够在军工行业中承担多样化的职责和任务，适应行业发展的多变需求。

5. 强化产教融合

高职院校与军工行业的紧密合作有助于加强产教融合，实现教育与实践的有机结合。增强高职院校军工数字化专业群的适应性，可以促进校企合作，提升学生的实践能力和职业素养，让他们能够更好地适应军工行业的要求，为行业的数字化转型作出贡献。

4.2.2 军工行业数字化转型对高职院校教学资源的要求

1. 军工行业数字化转型对高职院校教学资源的要求

军工行业的数字化转型对于高职院校的教学资源提出了一些具体的要求。

1）先进的软硬件设备

军工行业的数字化转型需要使用先进的软硬件设备完成设计、仿真、分析等任务。高职院校需要配备相应的教学设备，例如高性能计算机、工程仿真软件、数据分析工具等，以支持学生进行数字化工程的实践操作。这些设备应当具备良好的性能和兼容性，能够满足军工行业数字化转型所需的计算和仿真要求。

2）实验室和工作室建设

高职院校需要建设与军工行业数字化转型相关的实验室和工作室，提供学生进行实践操作和项目开发的场所。例如，数字化设计实验室需要配备CAD/CAM软件和三维打印设备，让学生进行数字化产品设计和制造实验；数据分析工作室可以提供大数据处理平台和数据可视化工具，学生可以进行军工数据分析和决策支持实验。

3）实践项目和案例库

与军工企业合作，开展实践项目和案例研究，为学生提供实际应用的机会。

通过与军工企业合作，学校可以获得真实的军工项目数据和案例，建立起丰富的实践项目和案例库。学生可以对这些项目和案例进行分析、设计和优化，提升自己的实践能力。

4）学术期刊和会议资源

鼓励教师和学生积极参与军工行业的学术交流和研究。学校可以提供学术期刊和会议资源，鼓励教师和学生撰写和发表与军工企业数字化转型相关的论文，分享研究成果和经验。这些学术资源可以帮助学校与军工行业保持紧密联系，了解最新的技术动态和研究方向。

通过满足军工行业数字化转型对教学资源的要求，高职院校可以提供适应行业需求的教育环境和学习资源，培养具备数字化转型能力的专业人才。这将有助于学生更好地适应军工行业的数字化转型发展，为行业的创新和进步作出贡献。

2. 引入开放教育资源

高职院校可以积极引入开放式学习资源，以满足军工企业数字化转型的学习需求。例如，引入开放教育资源如在线课程、教学视频、电子书籍等，让学生自主学习和掌握数字化技术和工具；建立在线学习平台，为学生提供进行远程实验和项目合作的机会，促进学生在数字化转型领域的互动与交流。

1）建立在线学习平台

建立院校自己的在线学习平台，提供学生访问和学习开放教育资源的途径。这个平台可以包括教学视频、在线课程、电子书籍、学术论文等资源，学生可以根据自己的兴趣和需求进行自主学习。平台还可以提供学生与教师、同学之间的互动与交流机会，促进学习的共享与合作。

2）推广开放教育资源平台

积极推广和引入已有的开放教育资源平台，如 Coursera、edX、MOOC 中国等。这些平台上有大量的高质量在线课程，不仅涵盖了多个领域，还提供一些高技能认证培训。学校可以与这些平台合作，将相关的军工行业数字化转型课程纳入到教学计划中，让学生可以灵活选择并学习这些课程。

3）与企业合作

高职院校可以与军工企业建立合作关系，在数字化转型领域进行共同研发和教学资源共享。这样不仅可以获得军工企业的学习资料、案例、项目数据等资源，用于课程教学和实践项目，而且也可以向企业提供自己的教学资源，例如教材、实验室设备等，促进双方资源的互补和共享。

4）开设自主研究课题

鼓励教师和学生开展与军工行业数字化转型相关的自主研究课题。高职院校可以提供研究经费和支持，鼓励教师和学生深入研究军工行业数字化转型的前沿技术和应用，产出有价值的研究成果。这些成果可以作为开放教育资源的一部分，供学生和其他感兴趣的人学习和参考。

5）组织专题讲座和研讨会

高职院校可以定期组织军工行业数字化转型的专题讲座和研讨会，邀请军工行业的专家和企业代表进行分享和交流，让学生和教师了解最新的技术趋势和应用案例。这些讲座和研讨会可以通过线下形式或在线直播的方式进行，确保更多人可以参与学习和互动。

通过引入开放教育资源，高职院校可以为学生提供更广泛、多样化的学习资源，满足军工企业数字化转型的学习需求。这样的做法不仅可以提高学生的专业素养和技能水平，而且有助于学校与行业保持紧密联系，促进教育与实践的有机结合。

4.2.3 军工行业数字化转型对高职院校师资队伍的要求

1. 具体要求

军工行业的数字化转型对高职院校的师资队伍提出了一些具体的要求。

1）数字化技术与工具的专业知识

教师需要深入了解军工企业数字化转型所需的相关技术和工具的专业知

识。例如，教师应该熟悉数字化设计软件、工程仿真工具、大数据处理平台等，能够指导学生使用这些工具进行数字化工程实践。

2）实践经验和行业背景

教师需要具备一定的实践经验和行业背景，了解军工行业的数字化转型趋势和应用场景，熟悉军工行业的工作流程和标准，能够将理论知识与实际应用相结合，为学生提供实际案例和项目的指导。

3）跨学科综合能力

军工行业的数字化转型往往涉及多个学科领域的知识和技能，师资队伍需要具备跨学科的综合能力。例如，他们需要了解工程设计、数据分析、人机交互、网络安全等领域的知识，能够跨学科地指导学生进行数字化转型相关的教学和研究。

4）持续学习和更新意识

军工行业的数字化转型发展迅速，师资队伍需要具备持续学习和更新的意识。积极关注最新的技术动态和行业趋势，参与相关的培训和学术交流，不断提升自己的专业水平和教学能力，以更好地满足学生和行业的需求。

5）教学创新和实践能力

教师需要具备教学创新和实践能力，能够灵活运用教学方法和工具，培养学生的创新思维和实践能力。设计和组织与军工企业数字化转型相关的实践项目、实验和课程，引导学生进行实际操作，提升他们的职业素养和技能。

2. 师资队伍适应军工行业数字化转型的路径

为了更好地掌握军工行业的数字化转型，教师可以采取以下措施：

1）建立与军工行业的密切联系

教师应积极与军工企业和研究机构建立合作关系，了解行业的数字化转型需求和挑战。通过与企业专家的交流和合作，教师可以深入了解最新的技术趋势、标准和实践案例，从而更好地指导学生。

2）定制课程和实践项目

教师可以根据军工行业的数字化转型需求，定制课程和实践项目。课程内容可以涵盖数字化设计、工程仿真、智能制造、工业互联网等方面的知识和技能。教师可以邀请军工行业的专家来校开展讲座和进行工作交流，为学生提供最新的行业动态和实践指导。

3）教研结合，开展科研项目

教师可以积极开展与军工企业数字化转型相关的科研项目。通过科研项目，教师能够深入研究行业的前沿问题，为行业提供问题的解决方案和创新思路。与此同时，教师可以将科研成果应用到教学中，使学生能够了解到最新的技术和方法。

4）建立实践基地和实验室

学校可以建立军工企业数字化转型的实践基地和实验室，为学生提供进行实际操作和实践项目的场所。教师可以带领学生参与实践项目，让他们通过实际操作，提升自己解决问题的能力。实践基地和实验室还可以成为学校与军工企业合作的平台，促进产学研结合。

5）不断学习和更新知识

教师应保持学习的姿态，关注军工行业数字化转型的最新发展，可以通过参加行业会议、研讨会和培训课程，了解最新的技术和趋势。同时，教师可以利用在线资源和学习平台，进行自主学习，保持与行业同步。

通过以上措施，师资队伍能够更好地服务于军工行业的数字化转型，满足行业的需求，为学生提供与实际工作紧密结合的教学和实践环境，培养推动军工行业数字化转型的专业人才。

4.2.4 增强军工数字化专业群适应性的策略

1. 与军工企业建立紧密合作关系

高职院校与军工企业建立紧密的合作关系是提高专业群适应性的关键策

略之一。通过与军工企业开展合作项目，教师能够接触实际工作环境，了解行业需求和技术发展趋势，从而调整课程设置和教学内容，使之与军工企业数字化转型的要求更加契合。

1）开展合作项目

高职院校与军工企业合作开展数字化转型项目，例如协助该企业实施工厂自动化系统升级。学校可以派遣学生和教师组成项目团队，与企业工程师共同参与项目的规划、设计、实施和测试。通过这个合作项目，学生可以直接参与军工企业数字化转型实践，了解现有系统的运行和问题，并提出改进方案。

2）为学生提供了实习和就业的机会

高职院校与军工企业建立良好的实习就业合作关系，为学生提供在企业实习和就业的机会。例如，学校可以与一家军工装备制造企业签订协议，安排学生在企业的数字化工厂部门实习。学生通过实习了解数字化生产线的运作和管理，学习相关技术和工艺，提升自己的实际操作能力。

3）进行项目评审和指导

高职院校与军工企业合作，共同组织学生的项目评审和指导活动。例如，学校可以邀请军工企业的专家参与学生的创新设计项目评审，提供专业意见和指导。这样的合作可以确保学生的项目符合军工行业的要求，并且使学生能够与行业专业人士进行交流和互动，提高专业素养和实践能力。

4）开展技术培训和讲座

高职院校与军工企业合作举办技术培训和讲座活动，邀请企业的专家分享最新的军工数字化技术和应用案例。例如，学校可以邀请一家军工通信设备企业的技术专家来进行专题讲座，介绍数字化通信系统的设计原理和实际应用。这样的活动可以帮助学生了解行业前沿技术，拓宽视野，提高其对军工企业数字化转型的理解和适应能力。

5）开展学术合作与项目研究活动

高职院校与军工企业开展学术合作和项目研究活动，共同探索军工企业数字化转型领域的关键问题。例如，学校可以与一家军工软件研发公司合作，共同开展军工数字化系统的安全性研究项目，解决数字化系统在网络安全方面的隐患和风险。这样的学术合作可以促进学校与企业之间的深度交流，推动双方在军工企业数字化转型领域的共同发展。

2. 进行以实践为导向的课程设计

针对军工数字化专业群，课程设计应注重以实践为导向，将理论知识与实际应用相结合，引入案例分析、项目实训、仿真模拟等教学方法，使学生能够在实际操作中学习和应用所掌握的知识和技能，培养适应军工行业数字化转型的实际能力。

1）案例分析

引入真实的军工企业数字化转型案例，供学生分析和讨论。例如，选择一家数字化转型成功的军工企业作为典型案例，让学生深入研究该企业的转型策略、技术应用和实施过程，并分析其取得成功的原因和经验教训。这样的案例分析可以帮助学生将理论知识与实际应用相结合，培养解决实际问题的能力。

2）项目实训

设计与军工企业数字化转型相关的实训项目，让学生在实际操作中学习和应用知识和技能。例如，设计一个数字化生产线模拟项目，要求学生通过设置传感器、编写程序等方式实现对数字化生产线的监控。学生可以在实验室或模拟工厂环境中进行项目实施，通过实际操作，提高他们在军工企业数字化转型方面的适应能力。

3）仿真模拟

利用虚拟仿真技术创建军工企业数字化转型的场景，供学生进行仿真模拟实践。例如，使用虚拟现实技术创建一个数字化车间环境，让学生在虚拟场景中进行设备操作、故障排除等实践活动。通过这样的仿真模拟，学生可以在安全的环境中接触实际操作，并培养在数字化环境中应对各种情况的能力。

4）行业合作项目

与军工企业合作开展行业合作项目，让学生参与到实际项目中。例如，与一家军工航空企业合作，开展一项数字化飞行控制系统的开发项目。学生可以作为项目团队的一员，参与需求分析、系统设计、编码实现等工作，亲身体验数字化转型项目的全过程。这样的合作项目可以使学生更好地理解军工企业数字化转型的实际需求和挑战。

5）实践课程评估

设计实践导向的课程评估方式，以确保学生在实践中取得较好的学习成效。例如，教师结合实训项目或仿真模拟，给学生设置实际操作任务，并通过实际操作成果、报告和演示等形式进行评估。这样的评估方式能够全面考查学生在军工企业数字化转型实践中的能力和表现，帮助他们不断改进和提高。

通过以上措施，高职院校可以将实践导向的课程设计贯穿于军工数字化专业群的教学过程中，使学生能够在实际操作中学习和应用知识，提高学生适应军工行业数字化转型的能力。

3. 更新教师团队的专业知识和技能

要更新教师团队的专业知识和技能，突出军工特色，增强高职院校在军工数字化专业群建设中的能力，可以采取以下具体策略：

1）开展军工专家讲座和研讨会

邀请军工领域的专家、企业代表等进行专题讲座和研讨会。这些专家可以分享最新的军工技术、项目经验、行业趋势等方面的知识，帮助教师了解军工企业数字化转型领域的专业特色和发展需求。比如，组织军工企业数字化转型研讨会，邀请军工行业的数字化转型专家进行演讲和分享。专家可以介绍军工企业在数字化转型过程中所面临的挑战、解决方案以及技术创新的应用案例。教师可以通过与专家的互动交流，了解最新的军工数字化技术和趋势，拓宽视野，更新专业知识。

2）开展军工企业合作项目

与军工企业建立合作关系，开展军工企业数字化转型相关的项目合作。教师可以参与实际项目的研究与开发，与企业技术团队紧密合作。这样可以提升教师的实践能力和行业洞察力，了解最新的军工技术和解决方案。例如，与一家军工企业合作开展数字化转型项目，开发智能化生产线或设计军工装备的虚拟仿真模型。教师可以与企业技术团队紧密合作，了解企业的需求和技术要求，并将实际项目应用到教学中。通过这样的合作项目，教师可以深入了解军工企业数字化转型的实际操作流程和技术应用，提升教学质量和专业能力。

3）进行军工数字化教学资源开发

教师团队可以针对军工数字化专业群开发相关的教学资源。这包括编写教材、设计实践项目、开发虚拟仿真实验等。教师可以参考军工行业的最新标准和技术要求，将实践应用与教学内容融合，提供具有军工特色的教学资源。比如，教师团队开发一套专门针对军工企业数字化转型的教学资源，如教材、实验指导书和虚拟仿真实验平台等。这些资源可以包括军工行业的实际案例、技术标准和应用场景，帮助学生更好地理解和应用军工数字化技术。教师可以通过整理行业资料、收集实际案例，开发与军工企业数字化转型相关的实践项目，提高学生的实践能力和解决问题的能力。

4）进行军工行业考察和实践实习

组织教师团队进行军工行业考察和实践实习，深入了解军工企业的运作机制、技术创新和实际工作流程。通过与行业实践相结合，教师可以更新自己的专业知识和技能，提升对军工特色的理解和把握。组织教师团队进行军工企业的考察和实践实习。教师可以参观军工企业的生产线、实验室和研发中心，了解军工行业的先进技术和实际工作环境。同时，教师可以与企业技术人员进行深入交流，了解他们的工作经验和技术应用。这样的实践实习可以帮助教师将理论知识与实际应用相结合，提升教学的实用性和专业性。

5）进行军工专业培训与认证

鼓励教师参加军工专业培训和认证项目，获取军工领域的专业资质。如军工数字化工程师认证培训。教师可以通过参加培训课程，系统学习军工企业数字化转型的核心知识和技能，并通过相关认证考试获得资质证书。这不仅有助于教师提升在军工企业数字化转型领域的专业水平，加强与行业的对接，提供更具军工特色的教学和指导，教师获得专业认证后，还能够增强军工特色专业群建设的可信度和竞争力。

通过以上策略，高职院校可以帮助教师团队更新军工领域的专业知识和技能，突出军工特色，提升其在军工数字化专业群建设中的能力。这将有助于高职院校培养更符合军工行业需求的人才，满足军工行业数字化转型的人才需求，并提升学校在该领域的声誉和影响力。

4. 强化实习实训环节

实习实训是军工数字化专业群适应性设计的重要环节。高职院校应与军工企业合作，为学生提供更多的实习机会，并建立健全实习管理体系。通过实习实训，学生能够深入了解军工行业的实际工作要求，锻炼实际操作和解决问题的能力，提高适应军工企业数字化转型的能力。

1）与军工企业建立合作关系

与军工企业建立长期合作关系，共同开展实习实训项目。通过与企业合作，学生可以拥有接触真实军工项目的机会，能够了解企业的工作流程、技术要求。学生可以参与军工项目的实际工作，如数字化设计、工艺流程优化或设备维护。通过与军工企业的合作，学生可以亲身体验军工行业的工作环境，获得实践经验。

2）设计军工实践项目

根据军工企业数字化转型的实际需求，设计与军工特色专业相关的实践项目。例如，创建虚拟仿真实验室，让学生模拟操作军工设备或解决实际的军工工程问题。这样的实践项目可以帮助学生获得真实的操作经验，提高其解决问题的能力。还可以设计一个军工企业数字化转型的实践项目，要求学生使用数字化设计软件设计一款军工装备的零部件，并进行虚拟仿真测试。学生需要了解军工装备的设计要求和技术标准，熟悉数字化设计工具的操作，并分析仿真结果以验证设计的可行性。

3）实行实习导师制度

建立实习导师制度，从军工行业中招聘经验丰富的专业人士担任学生的实习导师。导师负责在实习期间指导学生，并提供专业的技术建议。导师可以定期与学生进行会面，讨论实习项目的进展和遇到的问题，帮助学生解决实践中的困难。

4）配备实训设备和建设实训平台

高职院校可以投资配备适用于军工企业数字化转型的实训设备，搭建实训平台。例如，搭建仿真训练系统、数字化设计与制造实验室，提供先进的工具和软件，让学生能够进行实际的数字化转型操作和实践训练。或者投资建设一套数字化制造实验室，配备先进的数字化工具和设备，如 CAD/CAM 软件、3D 打印机等。学生可以使用这些设备进行实际的数字化设计和制造操作，学习数字化制造的流程和技术。

5）邀请行业导师和企业导师

邀请军工行业的资深专家担任行业导师，定期与学生进行线上或线下交流。导师可以分享最新的军工技术和趋势，讨论实际案例并提供行业内的实践经验。此外，还可以邀请军工企业的技术人员担任企业导师，与学生分享企业实践和项目经验。

6）展示实习成果与评估

组织一次军工企业数字化转型实习成果展示会，学生展示其在实习期间完成的项目和取得的成果。评委团由军工企业的技术专家和学校教师组成，对学生的实习成果进行评估和点评。评估结果可以用于学生的绩效考核和实践能力的评估，同时也可以为学生提供进一步指导。

通过以上策略，高职院校可以加强实习实训环节，提高学生对军工企业数字化转型的适应能力。学生通过实习实训，能够深入了解军工行业的实际工作要求，提升实际操作和解决问题的能力，为未来就业做好准备。同时，学校与军工企业的合作也能够促进行业与教育的紧密联系，更好地满足军工企业数字化转型的需求。

5. 开展以行业为导向的学生竞赛和科研项目

开展以行业为导向的学生竞赛和科研项目，可以激发学生的学习热情和创新能力。这些竞赛和项目可以与军工企业合作，以解决实际问题或开展创新研究，促使学生深入了解军工企业数字化转型的需求，并通过实际操作和研究提高专业能力。

1）联合军工企业举办竞赛

高职院校可以与军工企业合作，共同举办以行业为导向的学生竞赛。竞赛可以针对军工企业数字化转型中的实际问题或挑战，要求学生提出解决方案或创新应用。通过参与竞赛，学生能够深入了解军工行业的需求和发展方向，提高其解决问题的能力，培养其创新思维。

2）设立科研项目

学校可以设立与军工企业数字化转型相关的科研项目，邀请学生参与研究。这些项目可以与军工企业合作，以解决实际问题或开展前沿研究。通过参与科研项目，学生能够深入研究军工数字化技术，提高其专业知识储备和研究能力。

3）提供导师指导

为学生竞赛和科研项目提供专业导师指导。学校可以邀请专业教师或军工企业的专家担任学生项目的导师，提供指导和支持。导师可以帮助学生明确研究方向、制定研究计划，并提供专业的技术指导和反馈。

4）提供资源支持

为学生竞赛和科研项目提供必要的资源支持。学校可以提供实验室设备、软件工具、文献资料等必要的资源，以支持学生的研究和实践活动。同时，在与军工企业的合作中，学校也可以为学生提供实际案例、数据、专业知识等方面的支持。

5）组织成果展示和评选

学校可以组织学生竞赛和科研项目的成果展示和评选活动。通过展示和评选，可以激发学生的学习热情和创新潜力，同时也可以为学生提供展示自己成果的机会，增强其自信心和专业能力。

通过以上策略，学校可以开展以行业为导向的学生竞赛和科研项目，为学生提供实践和创新的平台，促使他们深入了解军工企业数字化转型的需求，并通过实际操作和研究不断提高自身的专业能力。同时，高职院校与军工企业的合作也能够加强校企合作，促进行业与教育的紧密结合，培养适应军工企业数字化转型的高素质人才。

6. 持续跟踪行业动态和技术创新

军工企业数字化转型领域的技术和发展速度较快，高职院校应密切关注行业动态和技术创新，及时更新课程内容和教学资源。通过建立行业信息收集和分析机制，追踪行业需求和技术发展趋势，为学生提供最新的知识和技能培养。

1）建立行业信息收集系统

学校可以建立行业信息收集系统，包括订阅行业相关的报纸、期刊、网站、博客等，以及关注行业专业论坛、社交媒体等。通过收集和整理相关信息，了解行业趋势、政策变化、技术创新等方面的最新动态。

2）组织专题研讨和讲座

定期组织专题研讨和讲座，邀请行业专家、企业代表等分享最新的行业动态和技术创新。这可以通过线上或线下的形式进行，给学生提供了解行业最新发展和趋势的机会，同时也可以激发学生的学习兴趣。

3）进行行业合作与对接

高职院校与军工企业、研究机构等建立合作关系，进行行业合作与对接。学校可以与企业签订合作协议，开展联合研究项目、技术转移等合作活动。通过与行业内的实际参与者合作，可以更好地了解行业动态和技术创新，并将这些信息应用到课程更新和教学资源的开发中。

4）建立教师专业发展机制

为教师建立专业发展机制，鼓励他们持续学习和研究行业动态和技术创新。学校可以鼓励教师参加行业会议、培训班、学术研讨等，提供专业发展经费和资源支持。通过教师的专业发展，可以确保他们具备最新的行业知识和技能，能够及时更新课程内容和教学资源。

5）坚持学生实践项目的行业导向

坚持学生实践项目的行业导向，鼓励学生关注行业动态和技术创新。例如，将实践项目与行业合作结合，让学生解决实际问题和应用最新技术。通过这种方式，学生能够直接接触行业动态和创新实践，增强对行业的了解。

通过以上策略，高职院校可以持续跟踪军工企业数字化转型领域的行业动态和技术创新，及时更新课程内容和教学资源，从而使学生接触到最新的知识和技能，为他们在军工企业数字化转型领域的就业和发展提供有力支持。同时，学校与行业的密切联系也有助于促进校企合作，实现教育与行业需求的有效对接。

4.3 军工数字化专业群的共核课程体系建设方案

4.3.1 共核课程体系构建

“共核课程”是指在某一专业群或相关专业中，所有学生必须学习的一些基础性、共性的核心课程，体现的是这些相关专业之间的交叉融合。共核课程不仅为学生提供了坚实的学习基础，而且体现了军工数字化专业群的跨学科融合特点，有利于培养复合型人才。

1. 设置共核课程的动因

为确保学生在核心领域具备必要的知识和技能，共核课程应涵盖军工企业数字化转型的关键领域，包括信息系统与网络安全、智能制造与自动化技术、数据科学与人工智能、项目管理，以及创新与设计等方面。这些课程的开设将为学生提供全面的知识和技能，使他们能够适应军工企业数字化转型的需求，并为军工行业的发展作出贡献。

高职院校的军工数字化专业群需要有专业群的共核课，以确保学生在相关领域具备必要的基础知识和技能，以适应军工企业数字化转型的需求。共核课的作用体现在：

第一，培养学生系统化的专业知识体系。军工数字化是一个庞大的知识体系，不同专业之间有着密切的内在联系。设置共核课程，可以使不同专业的学生都系统掌握数字化转型的基础知识和理论，培养出视野宽广、知识结构合理的复合型人才。例如，可以设置“军工项目管理”作为共核课程。不同专业的学生都需要学习项目管理的基本知识和方法论，这能帮助他们从系统角度理解军工企业数字化转型过程中的项目组织、计划制定、资源分配、风险控制等内容。

第二，培养学生的通用能力。共核课程可以培养不同专业学生的通用能力，如计算机应用能力、外语表达能力等，这对学生未来的发展都非常重要。例如将“计算机应用技术”设置为共核课程，可以提高学生的计算机应用能力，包括文档处理、数据统计、制图呈现等，这些是每个学生都需要具备的通用能力。

第三，有利于专业群建设。共核课程的设置有利于专业群内部的融合，可以打破专业壁垒，优化教学资源配置，提高办学效率。例如，不同专业的学生一起学习“军工项目管理”这一共核课程，既优化了教学资源，又加强了学生之间的交流互动，有利于打造专业群的协同环境。

第四，有利于学分转换和学生继续深造。共核课程的学分可以在专业群内部互认，为学生提供更大的自主选课空间，也为学生进行专业转换或继续深造奠定基础。例如“高等数学”作为共核课程，其学分可以在不同专业之间转换，也打下了学生未来读研或学习其他专业的数学基础。

2. 确定共核课程的因素

我们在确定军工数字化专业群共核课程时，综合考虑了以下因素：

（1）专业群内各专业的共性知识点和基础理论。找到专业群内专业的交叉与共性，将这些内容设为共核课程。

（2）专业群的培养目标和规格。根据专业群的人才培养目标，识别学生应共同具备的知识结构和能力素质，将其转化为共核课程。

（3）学生的知识背景和选修要求。考虑学生的知识储备情况，将一些对后续专业学习非常重要的选修课设计为共核课程。

（4）不同专业课程体系的衔接。将一些关联性强的专业课程的选修内容设计为共核课程，以利于课程体系的衔接。

（5）专业方向转换的需要。将一些支持学生实现专业转换的重要基础课设为共核课程。

（6）专业群建设资源和学科优势。根据学校在师资、课程体系等方面的资源情况，设计特色共核课程。

（7）行业未来发展趋势和人才需求。关注行业前沿，设计一些面向未来的共核课程。

（8）国家及国防相关政策导向。结合国家产业政策导向、区域经济发展需求，以及国防现代化建设战略设计共核课程。

4.3.2 专业核心课程

1. “数字化军工概论”课程

这门课程主要介绍数字化军工的概念、发展历史、意义和趋势，以及数字化转型对军工企业的影响。学习这门课程，学生能够对数字化军工有一个整体的认识，为后续课程的学习奠定基础。例如，教师讲解数字化制造在军工领域的应用，如数字设计、数字化生产系统、智能装配等，使学生对数字化军工有直观理解。

2. “军工信息系统与网络安全”课程

这门课程重点讲解军工企业信息系统的组成、功能和安全保障。内容涉及软硬件平台、网络架构、数据管理等，能够使学生了解信息系统建设和网络安全在军工数字化中的关键作用。例如让学生了解和使用军工企业常见的信息系统，如产品数据管理系统、供应链管理系统，并设计系统的安全防护方案。

3. “智能制造与自动化技术”课程

这门课程介绍智能制造和工业自动化的理论、方法和应用，如传感器技术、工业机器人、数字化车间等。这对学生掌握军工制造业数字化转型的核心技术至关重要。在课程学习中，教师将向学生讲解数字化车间中的自动化流水线、机器人搬运系统、AGV 小车等智能装备的运行原理及系统集成。

4. “数据科学与人工智能”课程

在这门课程中，通过对大数据分析、深度学习等人工智能技术的学习，学生能够掌握在海量军工数据中提取关键信息的方法，有助于辅助军工企业进行智能决策。这是数字化转型的支撑技术。在教师的指导下，学生可以利用军工企业的历史业绩数据，训练深度学习模型进行产能预测，辅助企业决策。

5. “军工数字化项目管理”课程

这门课程致力于培养学生在军工数字化项目管理方面的能力。学生将学习到项目管理的基本理论和方法，了解军工数字化项目的特点和挑战，并掌握项目计划、组织、实施和控制的技能。

6. “军工数字化创新与设计”课程

通过这门课程的学习，学生可以了解数字化条件下的军工创新思路，并掌握数字化产品的设计方法。这可以帮助企业实现从传统模式到数字化模式的转变。例如，在教师的指导下，学习可以使用 3D 打印技术打样和数字仿真对比验证，设计和优化某项新型军工产品的数字化方案。

总体来说，这六门课程内容广泛，系统地覆盖了军工企业数字化转型的方方面面，既有理论基础，又注重实际应用，对培养高职院校的应用型数字化人才大有裨益，掌握这些知识将大大提高学生的就业竞争力和工作能力。

4.3.3 军工素质核心课程

为提升学生的综合素质和适应军工领域的能力，高职院校军工数字化专业群应该开设以培养学生军工素质为主要目标的课程：

1. “军事理论与国防教育”课程

这门课程旨在培养学生的军事素质和国防观念，使学生了解国家安全和国防建设的重要性。在这门课程中，学生将学习军事基本知识、军事纪律和军事文化，加深对军工领域的认识。

通过学习军事战略、国防政策等，学生能够树立大局观，认识国防建设和军工发展的重要性，坚定军工行业数字化转型的方向。

2. “军工伦理与职业道德”课程

这门课程着重培养学生在军工领域的职业道德和伦理意识。学生将学习军工行业的道德规范和职业操守，了解军工行业的特殊性和自己应承担的社会责任，培养正确的职业态度和行为准则。

3. “军事装备知识与维护”课程

这门课程旨在增进学生对军事装备的基本了解，掌握军事装备的维护技能。学生将学习军事装备的分类、结构和工作原理，了解军工装备的特点和使用要求，并学习常见的军事装备维护和保养知识。

学生学习各类装备的结构、原理、使用和维护知识，能够为参与具体装备的数字化升级改造奠定基础。例如，学生学习某型坦克的构造、操作和常见故障维修，能够为参与该型坦克数字化改造做准备。

4. “军工安全与应急管理”课程

这门课程侧重培养学生在军工领域安全和应急管理方面的能力。学生将学习军工安全管理的基本原则和措施，了解军工事故的原因和防范措施，掌握应急救援和灾害管理的基本技能。

通过学习，学生能够掌握安全生产规程，进行事故应急演练，确保人员和财产安全。例如针对数字化车间，演练发生火灾时的应急预案和人员脱险方案。

5. “团队合作与沟通技巧”课程

这门课程旨在培养学生在团队合作和沟通方面的能力。学生将学习团队合作的基本原则和技巧，了解军工项目团队合作的特点和要求，培养良好的沟通和协作能力。

6. “创新实践与科研能力培养”课程

这门课程致力于培养学生的创新实践和科研能力。学生将在课程中学习科学研究的基本方法和过程，了解军工领域的创新需求和机遇，进行创新项目的实践和研究论文的撰写。

通过进行数字化案例分析，完成数字化改造方案设计，学生的创新思维得以培养，实践能力得以提高。例如，在课程中，教师可以带领学生利用数字双胞胎技术，对某产品进行虚拟仿真测试与优化设计。

通过课程学习，学生将不仅具备军工领域所需的专业知识和技能，而且能够树立正确的军事观念、职业道德和安全意识，具备团队合作、沟通和创新实践的能力，在军工数字化企业中得到较快发展，为国家的军事建设和国防安全作出贡献。

4.3.4 实践实训共核课程

共核的实践实训课程旨在为学生提供真实的工作场景和实际操作的机会，使他们能够将自己所学的理论知识运用到实际中，培养实际技能和解决问题的能力。通过实践实训，学生将更好地适应军工企业数字化转型的需求，为军工行业的发展作出贡献。

1. “军工数字化系统实训”课程

学生通过实际操作，能够掌握军工数字化系统的设计、配置和调试技能。学生将使用相关软件和硬件平台，搭建数字化系统，学习系统的安装、调试和故障排除等实际操作。

通过模拟军工企业的信息系统、MES 系统等，学生能够熟练掌握系统的操作使用，为企业数字化提供人才支撑。以某型导弹的生产管理信息系统为例，学生根据系统需求，设计数据库和功能模块，使用软件搭建该系统，并模拟该系统的实际使用场景，如材料需求计划、进度跟踪等。

2. “军工数据分析与挖掘实训”课程

这门课程着重培养学生在军工数据分析和挖掘方面的能力。在课程学习中，学生将使用数据分析工具和技术，对军工领域的大数据进行处理和分析，挖掘数据中隐藏的有价值的信息，为军工决策提供支持。

通过课程学习，学生能够利用军工企业的实际业务数据，进行数据预处理、模型建立、结果分析等，培养数据驱动决策的能力。比如，采用某军工企业历史业绩数据集，通过数据预处理、特征工程、模型设计等步骤，完成产能预测分析，辅助企业制定数字化生产计划。

3. “军工智能制造实训”课程

在课程学习中，学生能够亲身参与军工智能制造的实践过程。学生将使用数字化工厂的设备和工具，学习智能制造的工艺流程和操作技巧，了解自动化生产线的运行和管理，提高军工装备的生产效率和质量。

在智能车间模拟环境中，设计生产流程、配置设备、编写代码，实现产线数字化、智能化。在汽车工厂数字化车间模拟环境中，针对某工艺流水线，学生规划设计各道工序、选择配置设备、编写机器人控制代码，实现流水线的自动化生产。

4. “军工网络安全实训”课程

这门课程侧重于培养学生在军工网络安全方面的实际应用能力。学生将通过搭建模拟网络环境，学习网络攻防技术、入侵检测和应急响应等实际操作，提升军工网络系统的安全性和防护能力。

在模拟的军工网络环境中，学生将进行网络安全威胁模拟、漏洞发现、补丁设计等安全防护演练。在模拟的军工企业局域网中，教师可以发起各种网络攻击，学生需要运用网络监控、防火墙、漏洞修补等手段，保证网络的安全稳定运行。

5. “军工项目管理实训”课程

这门课程可以培养学生在军工数字化项目管理方面的实践能力。学生将参与军工项目的实际管理过程，包括项目计划、资源调配、进度控制和团队协作等，提高项目管理的实际操作能力。

在实训中，学生可以采用项目管理软件，全流程演练项目执行。以某军工数字化改造项目为例，学生结合项目特征，进行战略规划、资源预算、进度控制、风险管理等，使用项目管理软件全面监控项目执行。

6. “军工创新设计实训”课程

这门课程旨在让学生开展军工数字化创新设计的实践项目。在课程学习中，学生将面对实际的军工需求和挑战，通过团队合作和创新思维，设计和开发具有军工应用价值的数字化产品或系统，提升学生的创新实践和设计能力。

学生可以运用 3D 打印、数字仿真等技术，完成军工新产品的数字化优化设计项目。比如，采用 3D 打印技术，对某型无人机进行迭代设计与打印，通过数字化优化提升其航程、载重能力等性能指标，完成创新设计训练。

4.3.5 专业拓展共核课程

1. “数据分析与决策支持 ”课程

这门课程主要介绍数据分析的基本方法和工具，包括数据收集、清洗、处理、可视化和分析等方面的技术。还包括统计分析、数据挖掘和预测模型等内容。这门课程可以培养学生在军工数字化项目中进行数据分析和决策支持的能力，帮助他们从海量数据中提取有用信息，做出准确的决策。

2. “人工智能与机器学习”课程

这门课程主要介绍人工智能和机器学习的基本概念、算法和应用。包括监督学习、无监督学习、深度学习等技术，以及自然语言处理、图像识别、智能推荐等应用领域。在课程学习中，学生能够了解人工智能和机器学习在军工企业数字化转型中的潜在应用，培养自身在项目中应用相关技术的能力。

3. “物联网与传感技术”课程

这门课程主要介绍物联网和传感技术的基础原理和应用。包括传感器网络、数据采集与处理、通信协议、安全与隐私保护等方面的知识。培养学生在军工数字化项目中进行设备联网和数据采集的能力，使他们能够实现设备之间的互联互通，并有效利用传感器数据进行军工系统的监测和控制。

4. “虚拟现实与增强现实”课程

这门课程主要介绍虚拟现实和增强现实的基本原理和技术。包括虚拟环境建模、交互技术、视觉和听觉呈现等方面的知识。通过课程学习，学生能够了解虚拟现实和增强现实在军工企业数字化转型中的潜在价值，培养他们在相关项目中应用虚拟现实和增强现实技术的能力。

5. “创新设计与原型制作”课程

这门课程主要介绍创新设计的方法和原型制作的技术，包括用户需求分析、概念设计、原型制作和评估等方面的知识。涉及软硬件设计和制作工具的使用。培养学生在军工数字化项目中进行产品创新和原型制作的能力，帮助他们将创意转化为实际可行的产品和解决方案。

6. “军工法律与政策”课程

这门课程主要介绍军工领域的相关法律法规和政策，包括国家安全法、军工生产许可、军工科研项目管理等方面的知识。帮助学生了解军工企业数字化转型中的法律和政策要求，提高他们在数字化转型过程中的合规意识和法律风险防范能力。

这些课程涵盖了数据分析、人工智能、物联网、虚拟现实等关键领域，有助于培养学生在军工数字化项目中进行技术应用、项目管理和团队合作的能力。

4.3.6 共核课程体系的关键能力、学习情境、项目设计

共核课程体系的关键能力、学习情境、学习项目设计如表 4-1 所示。

表 4-1　共核课程体系的关键能力、学习情境、学习项目设计

课程	关键能力	学习情境设计	学习项目设计
数字化军工概论	1. 数字化军工理论与基础知识：理解数字化军工的概念、原理和关键技术，包括信息化、智能化、虚拟化等方面的知识；掌握数字化军工领域的基本术语、标准和规范，了解数字化军工的发展趋势和应用领域。 2. 军工数字化技术应用与工程实践：学习军工数字化技术的应用场景和实践案例，了解数字化技术在军工领域的具体应用；掌握数字化军工工程项目的规划、设计、实施和评估方法，包括系统集成、数据安全、网络通信等方面的技能。 3. 军工数字化管理与决策能力：培养学生在数字化军工项目中的管理与决策能力，包括项目管理、资源调配、风险评估等方面的技能；学习数字化军工数据分析和决策支持方法，提高对军工数字化项目的管理和决策能力	情境 1：创建一个数字化军工实验室或仿真环境，让学生亲身体验数字化军工的技术和应用。 情境 2：邀请数字化军工领域的专家举办讲座进行案例分享，介绍实际应用和项目经验	项目 1：设计一个数字化军工概论的实践项目，要求学生组成团队，选择一个具体的数字化军工应用领域进行研究。 项目 2：要求学生进行数字化军工技术的调研和分析，了解该领域的应用需求和技术挑战。 项目 3：引入数字化军工工程实践的要求，让学生进行项目规划、设计和实施，实践运用数字化军工技术。 项目 4：强调数字化军工管理与决策的重要性，要求学生进行项目管理和决策分析，评估数字化军工项目的效果和风险
军工信息系统与网络安全	1. 信息系统设计与管理原则的掌握：理解信息系统的组成、功能和特点；掌握信息系统设计和管理的基本原则和方法；理解军工企业信息系统的需求和特殊性，能够进行信息系统的规划、设计和管理。 2. 网络安全基本概念和防护措施的理解：理解网络安全的基本概念、威胁类型和攻击手段；掌握常见的网络安全防护措施和技术，如防火墙、入侵检测与防御系统等；熟悉军工领域的网络安全策略和标准，能够进行网络安全评估和规划。	情境 1：提供军工信息系统和网络安全的案例分析，让学生了解军工领域信息系统和网络安全面临的实际问题和挑战。 情境 2：组织专家讲座或行业研讨会，介绍军工信息系统的设计与管理原则，以及网络安全的基本概念和防护措施	项目 1：要求学生选取一个军工信息系统（如产品数据管理系统），进行系统安全评估，并提出相应的安全防护方案。 项目 2：要求学生进行团队合作，设计一个军工企业的网络安全规划，包括网络架构、安全设备和措施等，并进行评估和演示

续表

课程	关键能力	学习情境设计	学习项目设计
	3. 军工信息系统安全保障的能力：了解军工企业常见的信息系统，如产品数据管理系统、供应链管理系统等；设计和实施信息系统的安全防护方案，包括身份认证、访问控制、数据加密等；掌握信息系统安全漏洞分析和安全事件响应的基本技能		
智能制造与自动化技术	1. 智能制造和自动化技术的理论和方法的掌握：理解智能制造和自动化技术的基本概念、原理和发展趋势；掌握数字化工厂的构建和管理方法，包括工业互联网、物联网和大数据分析等；了解工业机器人、自动化控制系统等自动化技术的原理和应用。 2. 军工领域智能制造和自动化技术的应用能力：理解军工装备制造中智能化和自动化的需求和挑战；掌握智能制造和自动化技术在军工领域的具体应用，如数字化车间、工业机器人、自动导航车（AGV）等；能够设计和调试自动化控制系统，以实现军工装备的智能化制造	情境 1：提供智能制造和自动化技术在军工领域的案例和实际应用，让学生了解其应用场景和效果。 情境 2：组织实地考察，参观军工企业的数字化车间和自动化生产线，让学生亲身体验智能制造和自动化技术的运作	项目 1：要求学生进行团队合作，设计一个军工装备制造过程中的智能制造方案，包括数字化车间布局、工业机器人的应用、自动化控制系统的设计等。 项目 2：要求学生选择一个具体的智能装备（如自动导航车），进行系统集成和调试，并展示其运行原理和效果
数据科学与人工智能	1. 数据分析和挖掘的方法与工具的掌握：理解数据科学的基本概念和数据分析的过程；掌握常用的数据分析和挖掘方法，如统计分析、机器学习算法等；使用数据科学工具和软件进行数据处理、特征提取和模型建立。 2. 人工智能算法和技术的基本原理和应用能力：理解人工智能的基本原理和常用算法，如深度学习、自然语言处理等；掌握人工智能技术在军工领域的应用，如智能决策、图像识别、预测分析等；能够运用人工智能算法和技术解决军工领域的实际问题	情境 1：提供军工领域的数据应用案例和智能决策案例，让学生了解数据科学和人工智能在军工领域的实际应用场景和效果。 情境 2：邀请行业专家举办讲座，介绍数据科学和人工智能在军工领域的最新发展和趋势	项目 1：要求学生使用军工企业的历史业绩数据，训练深度学习模型进行产能预测，辅助企业决策。 项目 2：要求学生进行团队合作，选择一个军工领域的问题或挑战，运用数据科学和人工智能的方法和技术进行解决，如图像识别、异常检测等

续表

课程	关键能力	学习情境设计	学习项目设计
军工数字化项目管理	1. 项目管理的基本理论和方法的掌握：理解项目管理的基本概念、原则和流程；掌握项目规划、组织、实施和控制的方法和技巧；了解军工数字化项目的特点和挑战，如技术复杂性、安全性要求等。 2. 运用数字化手段提高军工项目管理效率的能力：掌握数字化项目管理工具和软件的使用，如项目管理软件、协作平台等；能够利用数字化手段提高军工项目的规划、执行和控制效率；理解数字化转型对项目管理的影响，如数据驱动的决策、实时监控等	情境1：提供军工数字化项目管理的实际案例和场景，让学生了解军工数字化项目管理的应用需求和挑战。 情境2：邀请军工企业的项目经理分享他们在数字化项目管理方面的经验和实践	项目1：要求学生运用数字化项目管理软件，以某军工数字化改造项目为例，完整地演练项目计划、资源调配、风险控制等流程。 项目2：要求学生团队合作，选择一个军工数字化项目，设计项目管理计划，并利用数字化手段进行项目的实施和控制
军工数字化创新与设计	1. 创新思维和设计方法的掌握：培养学生的创新思维，激发创造力和想象力；掌握创新设计的基本方法和工具，如设计思维、用户体验设计等。理解军工数字化产品和系统的设计原则，包括功能性、可靠性、安全性等。 2. 数字化产品的设计能力：学习数字化产品设计的基本原理和方法，如界面设计、交互设计等；掌握数字化产品的设计工具和技术，如3D打印、数字仿真等。能够设计和优化军工数字化产品的方案，满足军工领域的特殊需求和要求	情境1：提供军工数字化创新和设计的案例和实际场景，让学生了解数字化条件下的军工创新思路和设计需求。 情境2：邀请军工领域的设计专家举办讲座，分享他们在数字化产品设计方面的经验和实践	项目1：要求学生进行团队合作，选择一个新型军工产品或系统，在数字化条件下进行创新设计。 项目2：使用3D打印技术进行产品的打样，并通过数字仿真对比验证设计方案的有效性和可行性
军事理论与国防教育	1. 军事基本知识和军事素质的掌握：学习军事基本知识，包括军事组织、武器装备、军事战略等；培养军事素质，如纪律性、集体协作能力、身体素质等。	情境1：组织学生参观军事基地、军事博物馆等，让学生亲身感受军事文化和军事装备的实际情况。	项目1：要求学生研究国家维护网络安全的重要性，探讨网络空间维护作为国防建设的一部分。

续表

课程	关键能力	学习情境设计	学习项目设计
军事理论与国防教育	2. 国防观念和社会责任的培养：加深对国家安全和国防建设的认识，明确国防的重要性和使命；培养学生的社会责任感，使其意识到自身在国家安全和军工领域的角色和责任。 3. 大局观和数字化转型意识的培养：学习军事战略和国防政策，培养学生的大局观念和战略思维能力；让学生认识到国防建设和军工发展对国家安全和发展的重要性，以及数字化转型在军工领域的意义和挑战	情景2：邀请军事专家或军事人士举办讲座，分享他们在国防建设和军工领域的经验和见解	项目2：要求学生进行团队合作，设计一个关于国家安全和军工发展的综合项目，包括战略规划、资源调配、风险控制等方面
军工伦理与职业道德	1. 军工行业道德规范和职业操守的掌握：学习军工行业的道德准则和职业操守，包括诚信、保密、公正等方面；理解军工技术的特殊性和社会责任，意识到军工领域的工作对国家安全和社会稳定的重要性。 2. 正确的职业态度和行为准则的培养：培养学生正确的职业态度，如尊重客户、合作伙伴和同事，追求卓越等；强调军工从业人员的行为准则，包括诚实守信、保护客户隐私和商业机密等。 3. 伦理规范和职业素养的强化：介绍军工企业和从业人员应遵守的伦理规范，如道德决策、社会责任等；培养学生的职业素养，包括沟通能力、团队合作、领导能力等	情境1：邀请军工行业的伦理专家或从业人员举办讲座，分享他们在职业道德方面的经验和实践。 情境2：开展小组讨论，让学生就军工伦理和职业道德问题进行思考和交流	项目1：设计案例分析项目，让学生分析军工企业数字化转型过程中的伦理问题，并提出相应的解决方案。 项目2：要求学生进行团队合作，制定一份军工从业人员的行为准则和职业操守手册，强化学生对职业素养的理解和实践

续表

课程	关键能力	学习情境设计	学习项目设计
军事装备知识与维护	1. 军事装备的分类、结构和工作原理的了解：学习不同类型的军事装备，包括陆军、海军、空军等各个领域的装备；理解军事装备的结构和工作原理，包括各个部件和系统的功能和相互作用。 2. 军工装备的特点和使用要求的掌握：了解军工装备的特点，如高度可靠性、复杂性和适应恶劣环境等；学习军事装备的使用要求，包括操作规程、安全注意事项等。 3. 常见军事装备的维护和保养知识的掌握：学习常见军事装备的维护和保养知识，包括故障诊断、维修技巧等；熟悉军事装备的常见故障和应急处理方法，提高装备的可靠性和维修效率	情境 1：组织学生参观军事装备展览或实际装备维修场所，让学生亲身感受装备的实际情况。 情境 2：邀请军事装备的设计师或维修专家举办讲座，分享他们的经验和实践	项目 1：要求学生选择一种特定的军事装备，进行深入研究，并制作相关的介绍资料或展示。 项目 2：设计装备故障模拟项目，让学生在模拟环境中诊断和修复装备故障，提升实际操作技能
军工安全与应急管理	1. 军工安全管理知识的掌握：学习军工安全管理的基本原理和政策法规，包括安全生产管理、安全标准和安全评估等内容；理解军工安全管理的重要性，意识到安全问题对人员和装备的影响。 2. 应急管理能力的培养：学习应急管理的理论和实践知识，包括应急预案制定、应急演练和应急响应等方面；培养应对紧急情况和灾难事件的能力，包括事故处理、危机应对和资源调配等。 3. 军工安全文化的塑造：强调军工安全文化的重要性，培养学生对安全意识和责任感的认识；培养学生主动参与安全管理、宣传安全知识和引领安全行为的能力	情境 1：邀请军工安全管理专家或相关从业人员举办讲座，分享他们在安全管理和应急管理方面的经验和实践。 情境 2：组织学生参观军工企业的安全管理措施和应急设施，让学生实地了解安全工作的现状和需求	项目 1：要求学生参与编制军工企业的安全预案，包括风险评估、应急处置流程等。 项目 2：组织学生进行应急演练，模拟各种安全事故和灾难情景，让学生在实践中学习应急管理的技能

续表

课程	关键能力	学习情境设计	学习项目设计
团队合作与沟通技巧	1. 团队合作能力的培养：学习团队合作的原则和技巧，包括团队目标设定、任务分配、协作沟通和冲突解决等方面；培养学生在团队中扮演不同角色和履行不同职责的能力，如领导者、协调者和执行者。 2. 沟通技巧的提升：学习有效的沟通技巧，包括口头表达、书面沟通和非语言交流等；学习跨文化和跨部门沟通的技巧，提高与不同背景和专业的团队成员进行有效沟通的能力。 3. 解决问题与决策能力的发展：学习解决问题和做出决策的方法和工具，包括头脑风暴、决策树和 SWOT 分析等；培养学生在团队中分析问题、提出解决方案并做出决策的能力	情境 1：将学生分成小组，每个小组扮演一个军工项目团队，模拟真实的项目合作环境，进行合作任务和项目管理。 情境 2：邀请军工项目经理或团队合作专家举办讲座，分享他们在项目团队合作和沟通方面的经验和案例	设计一个复杂的军工项目，要求学生组成团队合作进行项目规划、任务分配和执行，模拟真实项目的合作与沟通情境。 要求学生进行团队会议和汇报，学习有效的团队沟通和协作技巧，并解决团队合作中出现的问题和冲突
创新实践与科研能力培养	1. 创新思维与创造力的培养：学习培养创新思维和激发创造力的方法和技巧，包括问题解决、思维导图、设计思维等；培养学生对问题的洞察力和发现问题的能力，鼓励他们提出新颖的想法和解决方案。 2. 科学研究方法与实践能力的提升：学习科学研究的基本方法和步骤，包括文献调研、实验设计、数据分析和结果解读等；培养学生进行科学研究的实践能力，包括提出研究问题、设计实验方案、收集数据和撰写报告等。 3. 团队协作与项目管理能力的发展：培养学生在团队协作中的角色意识和协作能力，包括合作沟通、任务分配和冲突解决等；学习项目管理的基本原理和技巧，包括项目规划、进度管理和资源协调等，以提高项目执行的效率和质量	情境 1：鼓励学生参与创新活动，如创业比赛、创意设计展览等，激发创新思维和创造力。 情境 2：邀请科研专家或创新实践者举办讲座，分享他们在科研和创新实践领域的经验和案例	设计一个科研项目，要求学生组成团队进行科学研究，包括问题提出、实验设计、数据分析和结果呈现。 要求学生进行团队协作和项目管理，包括任务分配、进度控制和成果汇报，以提高团队协作和项目执行能力

续表

课程	关键能力	学习情境设计	学习项目设计
军工数字化系统实训	1. 军工数字化系统的理解与应用：学习理解军工数字化系统的基本概念、原理和技术，掌握相关的工具和平台；培养学生在军工领域中应用数字化系统解决问题的能力，如设计、模拟、优化和控制等。 2. 数字化系统实践与操作技能：学习数字化系统的实践操作技能，包括软件使用、数据处理和系统调试等；培养学生在数字化系统实践中的问题诊断和故障排除能力，提高系统操作的熟练度和效率。 3. 团队合作与项目管理能力：培养学生在团队中协作合作的能力，包括任务分工、沟通协调和团队协作等；学习项目管理的基本原理和技巧，包括项目规划、进度控制和资源管理等	情境1：创建一个仿真环境，模拟军工数字化系统的实际应用场景，例如虚拟作战指挥系统或装备仿真系统。 情境2：邀请军工数字化系统的专家举办讲座和演示，介绍实际应用案例和系统操作经验	设计一个军工数字化系统的实训项目，要求学生组成团队，按照项目计划进行系统的搭建和调试。 （1）要求学生进行系统测试和故障排除，模拟实际工程项目中的问题诊断和解决过程。 （2）引入项目管理的概念和方法，要求学生进行任务分工、进度控制和成果展示，培养团队合作与项目管理能力
军工数据分析与挖掘实训	1. 军工数据分析与挖掘的理解与应用：学习理解军工数据分析与挖掘的基本概念、原理和技术，包括数据收集、清洗、转换、建模和预测等；掌握相关的数据分析工具和算法，如数据挖掘、机器学习和统计分析方法。 2. 军工数据处理与可视化能力：学习数据处理和清洗方法，掌握如何处理军工领域的大规模数据集；培养学生利用数据可视化工具和技术，将数据分析结果以可视化形式呈现，提高数据传达和解释能力。 3. 军工数据模型建立与预测能力：学习建立军工领域的数据模型，包括分类、聚类、回归和预测等；培养学生运用数据模型进行预测和决策的能力，如故障预测、风险评估和资源优化等	情境1：提供真实的军工数据集，让学生进行实际的数据分析和挖掘实践。 情境2：邀请军工数据分析领域的专家举办讲座和案例分享，介绍实际应用和挑战	设计一个军工数据分析与挖掘的实训项目，要求学生团队合作，选择一个具体的军工问题或场景进行数据分析与挖掘。 （1）要求学生进行数据收集、清洗、特征提取和建模，运用适当的算法和技术进行数据分析和预测。 （2）引入数据可视化的要求，让学生将分析结果以可视化形式展示，提高数据传达和解释的能力

续表

课程	关键能力	学习情境设计	学习项目设计
军工智能制造实训	1. 智能制造技术的理解与应用:学习理解军工智能制造的基本概念、原理和技术，包括物联网、人工智能、机器人技术等；掌握相关的智能制造工具和平台，了解数字化工厂和自动化生产线的构建和管理。 2. 智能制造系统的设计与优化:学习智能制造系统的设计原则和方法，包括生产工艺规划、设备配置、工作流程设计等；培养学生进行智能制造系统优化的能力，如生产线布局优化、资源利用率提升等。 3. 智能制造项目管理与协作能力:学习智能制造项目管理的基本知识和技巧，包括项目计划、任务分配、进度控制等；培养学生在智能制造团队中的协作和沟通能力，提高团队协作效率和项目执行能力	情境1:创建一个模拟的智能制造工厂环境，让学生了解智能制造系统的组成和运行过程。 情境2:邀请军工智能制造领域的专家举办讲座，进行案例分享，介绍实际应用和技术挑战	设计一个军工智能制造的实训项目，要求学生组成团队，选择一个具体的军工制造问题或场景进行智能制造系统的设计与优化。 (1)要求学生进行生产工艺规划、设备配置和工作流程设计，运用智能制造技术进行系统优化。 (2)引入项目管理的要求，让学生进行任务分配、进度控制和成果展示，培养团队协作和项目管理能力
军工网络安全实训	1. 网络安全基础知识与技能:学习掌握网络安全的基本概念、原理和常用技术，包括网络攻防、安全策略、身份认证和加密等；理解网络攻击的类型和方法，学习常见的网络安全威胁和漏洞分析。 2. 军工网络系统的安全防护与监测:学习军工网络系统的安全防护措施和监测方法，包括防火墙配置、入侵检测系统、安全事件响应等；掌握网络安全工具的使用，如漏洞扫描器、脆弱性评估工具和网络流量分析工具等。 3. 军工网络安全风险评估与应急响应:学习进行网络安全风险评估，识别军工网络系统中的潜在安全风险，制定相应的应对策略；培养学生在网络安全事件发生时的应急响应能力，包括事件分析、取证和恢复等	情境1:搭建一个模拟的军工网络环境，让学生了解军工网络系统的特点和安全需求。 情境2:邀请军工网络安全领域的专家举办讲座和案例分享，介绍实际应用和安全挑战	设计一个军工网络安全实训项目，要求学生组成团队，模拟军工网络系统进行安全防护和监测。 (1)要求学生进行安全策略的制定和防火墙配置，运用安全工具进行漏洞扫描和流量分析。 (2)引入网络安全风险评估和应急响应的要求，让学生识别潜在安全风险并制定相应的应对措施

续表

课程	关键能力	学习情境设计	学习项目设计
军工项目管理实训	1. 项目管理基础知识与技能：学习项目管理的基本概念、原理和方法，包括项目计划、任务分配、进度控制、风险管理等；掌握项目管理工具和技术，如甘特图、里程碑、工作分解结构（WBS）等。 2. 军工项目需求分析与规划：学习进行军工项目需求分析，明确项目目标、范围和关键要求；培养学生进行项目规划和资源分配的能力，制定项目计划和项目团队组建策略。 3. 军工项目团队协作与沟通：培养学生在项目团队中的协作和沟通能力，促进团队成员之间的合作和信息流通；学习解决项目团队中的冲突和问题，提高团队的工作效率和凝聚力	情境 1：模拟一个军工项目管理场景，让学生了解军工项目管理的特点和挑战。 情境 2：邀请军工项目管理领域的专家举办讲座和案例分享，介绍实际项目管理经验和成功案例	设计一个军工项目管理实训项目，要求学生组成团队，选择一个具体的军工项目进行管理。 （1）要求学生进行项目需求分析和规划，制定项目计划、WBS 和里程碑。 （2）引入项目管理工具和技术的要求，如甘特图制作和进度控制，让学生实践运用项目管理工具进行项目管理。 （3）强调团队协作和沟通的重要性，要求学生进行团队协作和沟通，解决项目中的问题和冲突
军工创新设计实训	1. 创新思维与设计方法：培养学生的创新思维能力，激发创造力和想象力，培养解决问题的能力；学习并掌握创新设计的方法和工具，如设计思维、原型制作、用户研究等。 2. 军工领域知识与技能：学习军工领域的基本知识，了解军工产品和技术的特点和要求；掌握军工创新设计的相关技能，如产品设计、系统集成、工艺优化等。 3. 团队合作与项目管理：培养学生在团队中的合作与协作能力，包括团队沟通、决策和资源协调	情境 1：搭建一个模拟的军工创新设计环境，让学生了解军工创新设计的背景和实际应用。 情境 2：邀请军工创新设计领域的专家举办讲座和案例分享，介绍实际创新设计过程和成功案例	设计一个军工创新设计实训项目，要求学生组成团队，选择一个具体的军工创新设计任务。 （1）强调创新思维和设计方法的应用，要求学生进行用户需求分析、创意生成和概念设计。 （2）引入军工领域的知识和技能要求，让学生考虑军工产品的特殊要求和

续表

课程	关键能力	学习情境设计	学习项目设计
	等；学习项目管理的基本知识和方法，包括项目计划、进度控制、风险管理等		技术限制，进行创新设计。 （3）强调团队合作和项目管理的重要性，要求学生进行团队协作和沟通，实施项目计划，并进行项目评估和改进
人工智能与机器学习	1. 机器学习算法与技术：学生应该掌握常见的机器学习算法和技术，包括监督学习、无监督学习和强化学习等，并了解它们的原理、应用场景和优缺点。 2. 数据预处理与特征工程：学生应该能够对原始数据进行预处理，包括数据清洗、缺失值处理、特征选择和特征构建等，以便为机器学习算法提供高质量的输入。 3. 模型评估与调优：学生应该了解评估机器学习模型性能的指标和方法，并能够使用交叉验证、网格搜索等技术对模型进行参数调优，提高模型的泛化能力。 4. 深度学习与神经网络：学生应该熟悉深度学习的基本概念和常用的神经网络模型，如卷积神经网络、循环神经网络和生成对抗网络等，并能够应用它们解决实际问题	情境1：组织学生参观在人工智能和机器学习领域从事研发或应用的企业或实验室，了解人工智能系统的实际应用和技术实现。 情境2：邀请人工智能和机器学习领域的专家或从业者举办讲座或研讨会，分享他们在人工智能和机器学习方面的经验和案例。 情境3：组织学生参加人工智能和机器学习相关的竞赛或挑战赛，提供展示和交流的平台，让学生展示他们的机器学习成果，并与其他学生和专业人士进行互动和交流	项目1：学生分组进行机器学习项目。从实际问题出发，收集相关数据并进行预处理，选择合适的机器学习算法进行模型训练和评估，最终实现一个具有实用价值的机器学习应用。 项目2：学生个人或小组自选的人工智能与机器学习研究项目，可以选择特定领域或问题进行深入研究和实践，探索新的算法或应用

续表

课程	关键能力	学习情境设计	学习项目设计
数据分析与决策支持	1. 数据获取与清洗：学生应该能够获取各种数据源的数据，并进行数据清洗和预处理，确保数据的质量和完整性。 2. 数据探索与可视化：学生应该具备使用统计和可视化工具分析数据的能力，发现数据中的模式、趋势和关联，并能够有效地将分析结果可视化呈现。 3. 数据建模与预测：学生应该掌握常见的数据建模技术，如回归分析、分类算法和时间序列分析等，能够对数据进行建模并进行预测和推断。 4. 决策支持与优化：学生应该能够利用数据分析的结果支持决策制定，并能够运用优化技术进行决策的优化和调整	情境1：组织学生参观或实习在数据分析和决策支持领域从事工作的企业或研究机构，了解实际项目的数据处理和决策支持流程，与专业人士交流经验和见解。 情境2：邀请数据分析和决策支持领域的专家或从业者举办讲座或研讨会，分享他们在数据分析、决策支持和优化方面的经验和案例。 情境3：组织学生参加数据分析和决策支持相关的竞赛或挑战赛，提供展示和交流的平台，让学生展示他们的数据分析和决策支持成果，并与其他学生和专业人士进行互动和交流	项目1：学生分组进行数据分析与决策支持项目。从实际问题出发，收集相关数据并进行清洗和预处理，利用适当的统计和机器学习方法进行数据分析和建模，最终给出决策支持的建议。 项目2：学生个人或小组自选数据分析与决策支持的研究项目，可以选择特定领域或行业的数据分析问题，通过深入研究和实践，提供有效的决策支持方案
物联网与传感技术	1. 理解物联网的概念和架构：学生应该了解物联网的基本原理、核心技术和架构，包括传感器、通信协议、数据处理和云平台等方面的知识。 2. 传感器选择和应用：学生应该了解不同类型的传感器和其工作原理，能够根据需求选择合适的	情境1：组织学生参观或实习在物联网领域从事研发或应用的企业或实验室，了解物联网系统的实际应用和技术实现。 情境2：邀请物联	项目1：学生分组进行物联网系统的设计与开发项目。从需求分析开始，逐步进行传感器选择、系统设计与集成、数据分析与应用等环节，最终实现一个可运

续表

课程	关键能力	学习情境设计	学习项目设计
	传感器，并应用于物联网系统中。 3. 物联网系统设计与集成：学生应该具备物联网系统设计和集成的能力，包括设备连接、数据传输、数据处理和云平台接入等方面的技能。 4. 数据分析与应用：学生应该能够进行物联网数据的分析和挖掘，提取有价值的信息，并应用于实际场景中的决策和优化	网领域的专家或从业者举办讲座或研讨会，分享他们在物联网系统设计、数据分析和行业应用方面的经验和案例。 情境3：组织学生参加物联网相关的竞赛或展览，提供展示和交流的平台，让学生展示他们的物联网系统成果，并与其他学生和专业人士进行互动和交流	行的物联网系统。 项目2：学生个人或小组自选物联网应用的研究项目，可以选择特定领域的应用，如智能家居、智慧城市、工业监测等，通过设计和实现物联网系统来解决实际问题
虚拟现实与增强现实	1. 理解虚拟现实（VR）和增强现实（AR）的基本原理和技术：学生应该了解虚拟现实和增强现实的概念、工作原理、技术组成和应用领域等方面的知识。 2. 创意设计与用户体验：学生应该能够在虚拟现实和增强现实应用的设计过程中，提出创新的设计理念，并注重用户体验和人机交互的设计。 3. 虚拟场景开发与建模：学生应该具备使用虚拟场景开发工具和软件进行场景建模、虚拟世界构建和虚拟角色设计的能力。 4. 应用开发与编程：学生应该掌握相关的虚拟现实和增强现实应用开发平台和编程语言，能够实现虚拟现实和增强现实应用的功能和交互	情境1：组织学生参观虚拟现实和增强现实领域的实践团队或企业，了解实际项目的开发流程和技术应用，与专业人士交流经验和见解。 情境2：邀请虚拟现实和增强现实领域的专家或从业者举办讲座或研讨会，分享他们在应用开发、用户体验设计和行业应用方面的经验和案例。 情境3：组织学生参加虚拟现实和增强现实相关的竞赛或展览，提供展示和交流的平台，让学生展示他们的应用成果，并与其他学生和专业人士进行互动和交流	项目1：学生分组进行虚拟现实或增强现实应用的设计与开发项目。从需求分析开始，逐步进行创意设计、场景建模、应用开发和用户测试，最终呈现可交互的虚拟现实或增强现实应用。 项目2：学生个人或小组自选虚拟现实或增强现实应用的研究项目，可以是特定领域的应用探索，如教育、医疗、建筑等，通过设计和开发应用来解决实际问题

续表

课程	关键能力	学习情境设计	学习项目设计
创新设计与原型制作	1. 用户需求分析：学生应该能够深入理解用户需求，包括功能需求、用户体验和用户期望，通过调研和用户反馈等方法进行需求分析。 2. 概念设计：学生应该具备创造性思维和设计能力，能够提出创新的解决方案，并将用户需求转化为具体的设计概念。 3. 原型制作：学生应该具备使用相关工具和技术制作原型的能力，包括软件工具、硬件工具以及3D打印等技术的运用。 4. 原型评估：学生应该能够设计并执行原型评估计划，通过用户测试和反馈收集数据，评估原型的可行性和用户满意度，并进行改进	情境1：学生参观在军工领域从事创新设计与原型制作的实践团队或企业，与专业人士交流并观摩实际项目的设计过程。 情境2：邀请军工领域的专家或从业者举办讲座或研讨会，分享他们在创新设计与原型制作方面的经验和案例。 情境3：组织学生参加创新设计竞赛或展览，提供机会让学生展示他们的创新设计和原型制作成果，并与其他学生和专业人士交流和互动	项目1：针对某一军工领域的实际问题，学生分组进行团队项目，从需求分析开始，逐步进行创新设计和原型制作，最后展示和评估项目成果。 项目2：学生个人或小组自选军工领域的创新设计项目，从需求分析到原型制作，全过程进行实践，并通过展示和评估来验证设计的可行性和创新性
军工法律与政策支持	1. 理解军工领域的法律法规：学生应该能够掌握军工领域相关法律法规的基本内容，了解其适用范围和要求。 2. 分析军工法律政策的影响：学生应该能够分析军工法律政策对数字化转型项目的影响，包括合规要求、监管机制等方面。 3. 辨识军工企业数字化转型中的法律风险：学生应该能够辨识军工企业数字化转型过程中可能涉及的法律风险，包括知识产权、数据隐私、安全审计等方面。	情境1：模拟军工企业数字化转型项目的法律合规审查。学生可以通过分析实际案例或模拟情景，了解军工法律法规的具体应用和合规要求。 情境2：组织专题讲座或研讨会，邀请军工法律专家或相关机构代表进行讲解和讨论。学生可以	项目1：设计一个军工企业数字化转型项目的法律风险评估与管理计划。学生需要识别潜在的法律风险，制定相应的风险管理策略，确保项目在法律框架内合规运行。 项目2：合规操作手册的编制。学生可以分组合作，研究军工企业数字化转型

续表

课程	关键能力	学习情境设计	学习项目设计
	4. 建立合规意识与操作能力：学生应该具备建立军工企业数字化转型项目的合规意识，并能够制定和执行符合法律法规要求的操作措施	通过与专家的互动了解军工法律政策的最新动向和实践经验。 情境3：模拟军工企业数字化转型项目的法律纠纷解决过程。学生可以扮演不同角色，通过角色扮演和案例分析的方式，了解军工法律纠纷的解决途径和策略	过程中的法律要求，并编写合规操作手册，包括合同管理、知识产权保护、数据隐私保护等方面的操作指南

5

PART FIVE

重庆电讯职业学院军工数字化专业群适应性教学设计

5.1 军工企业数字化生产线工作场景及教学方法

随着科技的不断发展和进步，军工企业正面临着数字化生产转型的迫切需求。这一转型不仅要求军工企业引入先进的自动化设备和技术，还需要培养适应数字化生产环境的人才。为了更好地了解军工企业数字化生产线的实际情况，笔者进行了大量的调研工作。

通过对军工企业的调研，我们收集了丰富的数据和信息，并对军工企业数字化生产线的工作场景进行了归纳和总结。这些工作场景包括自动化设备与机器人、数字化监控与控制系统、虚拟仿真与可视化技术、数据集成与信息管理系统、联网与远程监控以及安全与保密措施等六个主要领域。这些工作场景涵盖了军工数字化生产线的关键技术和工作内容，对于实现数字化生产的高效性和质量控制具有重要意义。

为了帮助学生更快适应数字化生产线的工作场景，我们尝试进行了适应性教学方法设计。根据每个工作场景的特征和要求，我们为学生设计了相应的教学方案，旨在帮助他们掌握必要的知识和技能，并培养解决实际问题和应对挑战的能力。军工企业数字化生产线工作场景说明和教学设计如表 5-1 所示。

表 5-1 军工企业数字化生产线工作场景说明和教学设计

场景	场景说明	教学设计	设计目的
自动化设备与机器人	军工企业数字化生产线采用自动化设备和机器人来完成生产任务。这些设备和机器人能够执行各种生产操作，如零件加工、组装、焊接等，以提高生产效率和准确性	1. 理论知识教学：向学生介绍数字化生产线的基本概念、原理和应用。讲解自动化设备和机器人的工作原理、分类和功能，以及它们在军工领域中的应用。通过理论知识的教学，帮助学生建立对数字化生产线的基本理解和认知。 2. 实践操作训练：为学生提供实践操作训练的机会，让他们亲自接触和操作数字化生产线上的自动化设备和机器人。可以设置实验室或仿真环境，让学生在指导下进行设备操作、程序编程和故障排除等实际操作。通过实践训练，学生可以熟悉设备的使用和操作流程，培养操作自动化设备和机器人的技能 3. 团队合作项目：组织学生参与团队合作项目，模拟军工企业数字化生产线的工作场景。每个小组可以扮演一个生产线团队的角色，负责完成具体的生产任务。鼓励学生在项目中协作与沟通，学习如何与自动化设备和机器人进行配合工作，共同解决生产过程中的问题和挑战。 4. 跨学科知识融合：数字化生产线涉及多个学科领域，包括机械工程、电子工程、计算机科学等。因此，教学设计中可以融合相关学科的知识，让学生全面了解数字化生产线的多个方面。例如，引入机械设计、电路原理和编程等相关知识，帮助学生理解和应用在数字化生产线中所需的技能。 5. 实例分析与案例研究：通过实例分析和案例研究，学生能够了解军工企业中数字化生产线的实际应用和挑战。选取一些军工企业的成功案例或者面临的问题，让学生分析其中的数字化生产线相关因素，并提出改进建议。这样可以培养学生分析和解决问题的能力，以及对数字化生产线的综合思考能力。	学生逐步熟悉和适应军工企业数字化生产线的自动化设备与机器人，掌握相关的理论知识和操作技能，并能够在实际工作中应用所学的知识和技能。同时，培养学生的团队合作、问题解决和创新思维能力，以适应未来军工企业数字化生产的需求

续表

场景	场景说明	教学设计	设计目的
		6. 实习与实训机会：为学生提供实习和实训机会，让他们在真实的军工企业中接触和参与数字化生产线的工作。通过实习和实训，学生可以深入了解军工企业的实际运作和数字化生产线的应用，锻炼自己的实际操作和问题解决能力	
数字化监控与控制系统	生产线配备数字化监控与控制系统，通过传感器、仪表和计算机系统实时监测和控制生产过程。这些系统能够收集和分析生产数据，监测设备状态，实现生产过程的自动化控制和优化	1. 理论知识教学：向学生介绍数字化监控与控制系统的基本原理、组成和功能。讲解传感器、仪表、计算机系统等在数字化生产线中的作用和应用。通过理论知识的教学，帮助学生建立对数字化监控与控制系统的基本理解和认知。 2. 实践操作训练：为学生提供实践操作训练的机会，让他们亲自接触和操作数字化监控与控制系统。可以设置实验室或仿真环境，让学生学习如何使用传感器、仪表和计算机系统进行数据采集、监测和控制。通过实践训练，学生可以熟悉系统的使用和操作流程，培养数字化监控与控制的实际应用能力。 3. 虚拟仿真与可视化技术：利用虚拟仿真和可视化技术，让学生模拟和体验数字化监控与控制系统的工作场景。通过虚拟仿真软件或可视化工具，展示数字化生产线中的监控和控制过程，让学生观察和分析系统的运行状态和变化。这样可以加深学生对系统工作原理和操作流程的理解。 4. 团队合作项目：组织学生参与团队合作项目，模拟军工企业数字化生产线的工作场景。每个小组可以负责设计和实现一个数字化监控与控制系统，用于监测和控制特定的生产过程。通过项目，学生可以学习如何协作与沟通，将理论知识应用于实际工程项目中。	学生逐步熟悉和适应军工企业数字化生产线的数字化监控与控制系统，掌握相关的理论知识和操作技能，并能够在实际工作中应用所学的知识和技能。同时，培养学生的团队合作、问题解决和创新思维能力，以适应未来军工企业数字化生产的需求

续表

场景	场景说明	教学设计	设计目的
		5. 实例分析与案例研究：通过实例分析和案例研究，让学生了解军工企业中数字化监控与控制系统的实际应用和挑战。选取一些真实的案例，让学生分析其中的监控与控制需求，以及系统设计和优化的考虑因素。这样可以培养学生的问题分析和解决能力，以及对数字化监控与控制系统的综合思考能力。 6. 实习与实训机会：为学生提供实习和实训机会，让他们在真实的军工企业中接触和参与数字化监控与控制系统的工作。通过实习和实训，学生可以深入了解军工企业的实际运作和数字化监控与控制系统的应用，锻炼自己的实际操作和问题解决能力	
虚拟仿真与可视化技术	军工企业数字化生产线利用虚拟仿真和可视化技术来模拟和展示生产过程。通过虚拟仿真，可以事先进行产品设计验证、生产线规划和工艺优化，以提高生产效率和质量	1. 理论知识教学：向学生介绍虚拟仿真与可视化技术在数字化生产线中的应用和作用。讲解虚拟仿真和可视化的基本原理、技术手段和应用场景。通过理论知识的教学，帮助学生建立对虚拟仿真与可视化技术的基本理解和认知。 2. 虚拟仿真软件的使用：引导学生学习使用常见的虚拟仿真软件，例如 MATLAB/Simulink、LabVIEW 等。教授学生基本的软件操作技能，介绍虚拟仿真软件的界面、功能和应用方法。通过实际操作，让学生熟悉虚拟仿真软件的使用流程和能力。 3. 虚拟场景的设计与搭建：组织学生参与虚拟场景的设计与搭建项目。学生可以根据军工企业数字化生产线的实际情况和要求，设计虚拟场景，包括工作环境、设备模型、工艺流程等。引导学生使用虚拟仿真软件将设计的场景搭建起来，实现数字化生产线的	学生可以逐步熟悉和适应军工企业数字化生产线的虚拟仿真与可视化技术，掌握相关的理论知识和操作技能，并能够在实际工作中应用所学的知识和技能。同时，培养学生的创新思维、问题解决和团队合作能力，以适应未来军

续表

场景	场景说明	教学设计	设计目的
		虚拟仿真。 4. 可视化工具的应用:介绍学生常用的可视化工具,例如 Unity、3ds Max 等。教授学生使用可视化工具进行模型设计、场景渲染和动画制作。鼓励学生将虚拟仿真场景进行可视化处理,提高场景的真实感和交互性。 5. 虚拟仿真实验与案例研究:设计虚拟仿真实验和案例研究,让学生通过虚拟仿真技术解决实际问题。例如,学生可以模拟数字化生产线中的工艺优化、故障诊断等情况,通过虚拟仿真技术分析和解决问题。通过实验和案例研究,培养学生的问题解决和创新能力。 6. 虚拟仿真演示与展示:组织学生进行虚拟仿真演示和展示,让他们将自己设计的虚拟场景和仿真结果展示给其他同学和教师。鼓励学生进行交流和讨论,分享彼此的经验和成果,促进学生之间的学习互动和合作	工企业数字化生产的需求
数据集成与信息管理系统	生产线采用数据集成与信息管理系统来管理生产过程中产生的各种数据和信息。这些系统能够实现数据的采集、存储、处理和分析,为决策提供支持,优化生产过程和资源配置	1. 理论知识教学:向学生介绍数据集成与信息管理系统在军工企业数字化生产线中的重要性和作用。讲解数据集成的基本原理、信息管理系统的组成和功能。通过理论知识的教学,帮助学生建立对数据集成与信息管理系统的基本理解和认知。 2. 数据采集与传输技术:教授学生数据采集与传输的基本原理和技术手段。介绍传感器、网络通信、数据总线等在数据采集与传输中的应用。让学生了解不同类型的传感器和数据采集设备,以及数据传输协议和通信技术。通过实际操作和案例分析,让学生掌握数据采集与传输的基本方法和技能。 3. 数据集成与处理技术:引导学生学习数据集成与处理的基本原理和技术方法。讲解数据清洗、数据集成、数据挖掘等关键概念	学生逐步熟悉和适应军工企业数字化生产线的数据集成与信息管理系统,掌握相关的理论知识和操作技能,并能够在实际工作中应用所学的知识和技能。同时,培养学生的创新思维、问题解决

续表

场景	场景说明	教学设计	设计目的
		和技术工具。教授学生数据集成与处理的常用方法，例如数据预处理、特征提取、模型建立等。通过实际案例和实验，让学生学会如何对数据进行整合和处理，以获取有用的信息和知识。 4. 信息管理系统设计与应用：组织学生参与信息管理系统的设计与应用项目。学生可以根据军工企业数字化生产线的实际需求和要求，设计信息管理系统的架构和功能模块。引导学生学习信息管理系统的设计原则和方法，包括数据库设计、系统集成、用户界面等。通过项目实践，让学生亲身体验信息管理系统的开发和应用过程。 5. 安全与隐私保护：教授学生数据集成与信息管理系统中的安全与隐私保护知识。讲解数据安全性、权限管理、数据加密等关键概念和技术。引导学生学习如何设计和实施安全的信息管理系统，以保护数据的机密性和完整性。同时，让学生了解数据隐私保护的法律法规和伦理道德要求。 6. 实践项目与案例分析：设计实践项目和案例分析，让学生应用所学的知识和技能解决实际问题。例如，学生可以分析军工企业的数据集成和信息管理需求，设计相应的系统方案，并进行实际实施和测试。通过实践和案例分析，培养学生的问题解决和创新能力	和团队合作能力，以适应未来军工企业数字化生产的需求
联网与远程监控	军工企业数字化生产线通常具备联网和远程监控功能，通过互联网和远程访问技术，实现对生产线的远程监控	1. 理论知识教学：向学生介绍联网与远程监控在军工企业数字化生产线中的重要性和作用。讲解联网技术的基本原理、远程监控系统的组成和功能。通过理论知识的教学，帮助学生建立对联网与远程监控的基本理解和认知。 2. 联网技术与通信协议：教授学生联网技	学生逐步熟悉和适应军工企业数字化生产线的联网与远程监控，掌握相关的理论

续表

场景	场景说明	教学设计	设计目的
	和管理。这样可以实现远程故障诊断、远程操作和远程指导，提高生产线的灵活性和响应能力	术和通信协议的基本原理和应用。介绍常用的网络通信技术，如以太网、无线通信等，以及通信协议，如 TCP/IP、OPC 等。让学生了解不同类型的网络设备和通信协议的特点和适用场景。通过实际操作和案例分析，让学生掌握联网技术和通信协议的基本方法和技能。 3. 远程监控系统设计与搭建：组织学生参与远程监控系统的设计与搭建项目。学生可以根据军工企业数字化生产线的实际需求和要求，设计远程监控系统的架构和功能模块。引导学生学习远程监控系统的设计原则和方法，包括传感器选择、数据采集、远程控制等。通过项目实践，让学生亲自体验远程监控系统的开发和应用过程。 4. 远程访问与控制技术：教授学生远程访问与控制技术的基本原理和方法。介绍远程访问的安全性和可靠性要求，以及远程控制的实现方式，如远程终端、虚拟化技术等。让学生了解远程访问与控制的关键技术和工具，并进行相关实践和案例分析。 5. 安全与隐私保护：教授学生联网与远程监控中的安全与隐私保护知识。讲解网络安全、数据加密、用户认证等关键概念和技术。引导学生学习如何设计和实施安全的远程监控系统，以保护数据的机密性和完整性。同时，让学生了解数据隐私保护的法律法规和伦理道德要求。 6. 实践项目与案例分析：设计实践项目和案例分析，让学生运用所学的知识和技能解决实际问题。例如，学生可以设计远程监控系统的远程访问与控制模块，实现对军工企业数字化生产线的远程监控和操作。通过实践和案例分析，培养学生的问题解决和创新能力	知识和操作技能，并能够在实际工作中应用所学的知识和技能。同时，培养学生的创新思维、问题解决和团队合作能力，以适应未来军工企业数字化生产的需求

续表

场景	场景说明	教学设计	设计目的
安全与保密措施	军工企业数字化生产线注重安全与保密措施，包括物理安全、网络安全和信息保密等方面。采取严格的安全措施来保护生产线的设备、数据和信息，确保军工企业生产的安全和可靠性	1. 安全意识培养：教育学生关于信息安全和保密的重要性，以及数字化生产线中的安全风险和威胁。引导学生了解不同类型的安全威胁，如网络攻击、数据泄露等，并讨论其对军工企业的潜在影响。通过案例分析和讨论，培养学生的安全意识和风险意识。 2. 安全策略与政策：教授学生军工企业数字化生产线中的安全策略与政策。讲解信息安全管理体系、保密制度和安全政策的建立与实施。引导学生了解信息安全标准和框架，如ISO 27001等，并讨论如何在军工企业中应用这些标准和框架。 3. 访问控制与身份认证：引导学生学习访问控制和身份认证的基本原理和技术。讲解密码学、双因素认证、访问权限管理等关键概念和技术。教授学生如何设计和实施有效的访问控制策略，以保护数字化生产线的安全和保密。 4. 网络安全与防护：教授学生网络安全的基本原理和防护措施。介绍防火墙、入侵检测系统、安全监测等网络安全技术和工具。引导学生学习如何设计和实施网络安全策略，以保护军工企业数字化生产线的网络环境。 5. 数据加密与安全传输：教授学生数据加密和安全传输的基本原理和方法。讲解对称加密、非对称加密、SSL/TLS等关键概念和技术。引导学生学习如何对重要数据进行加密保护，并掌握安全传输的方法和工具。 6. 人员培训与监控：讲解学生军工企业数字化生产线中的人员培训和监控措施。教育学生关于信息安全的最佳实践和行为准则，如密码安全、社会工程攻击的防范等。引导学生了解安全培训的重要性，并讨论如何进行安全监控和审计。	学生逐步熟悉和适应军工企业数字化生产线的安全与保密措施，掌握相关的理论知识和操作技能，并能够在实际工作中应用所学的知识和技能。同时，培养学生的安全意识、风险管理和团队合作能力，以保护军工企业数字化生产线的安全

续表

<table>
<tr><th>场景</th><th>场景说明</th><th>教学设计</th><th>设计目的</th></tr>
<tr><td></td><td></td><td>7. 实践项目与模拟演练：设计实践项目和模拟演练，让学生应用所学的知识和技能解决实际安全问题。例如，学生可以设计安全策略和控制措施，模拟攻击和应急响应情景，以提高他们的安全管理和应对能力</td><td></td></tr>
<tr><td colspan="4">军工企业数字化生产线的工作场景充分利用现代信息技术和自动化技术，实现生产过程的智能化、高效化和精细化，提高生产效率、质量和灵活性，满足军工领域对生产能力和品质要求不断提升的要求。同时，也对相关从业人员的技术水平和工作能力提出了更高的要求</td></tr>
</table>

5.2 军工企业数字化生产线工作流程及教学设计

随着军工企业数字化转型的加速进行，了解军工企业数字化生产线中的各个环节变得至关重要。为了更好地了解这些环节的工作要求，以及为培养适应数字化生产环境的数字工匠提供针对性的教育方案，我们在对军工企业的调查过程中，收集了大量关于军工企业数字化生产流程的数据和信息，归纳总结了计划与排程、生产操作与监控、数据采集与分析、质量控制与检验、故障排除与维护、过程改进与优化等六个重要环节。每个环节都扮演着关键的角色，对于确保数字化生产的高效性和质量至关重要。

针对每个环节的特征和要求，我们设计了相应的教学方法，旨在帮助学生深入理解每个环节的工作职责，掌握所需的知识和技能，并培养学生解决实际问题和应对挑战的能力（见表 5-2）。

表 5-2 军工企业数字化生产线教学设计

工作流程	任务职责	知识点	技能点	教学方法
计划与排程	在军工企业数字化生产线岗位中，工作流程的第一步是进行计划与排程，包括确定生产任务、制定生产计划和排程，确保生产线的资源和设备得到合理利用，以满足军工产品的交付需求	1. 生产管理理论：了解生产管理的基本概念、原理和方法，包括生产计划、排程、资源管理等方面的知识。 2. 供应链管理：理解供应链的概念和原理，了解原材料采购、库存管理、物流运输等供应链环节的知识。 3. 生产计划与排程方法：熟悉常用的生产计划和排程方法，如 MRP（物料需求计划）、ERP（企业资源计划）、APS（高级计划与排程）等。 4. 资源管理：了解生产线上的资源管理，包括设备、人力、原材料等资源的调度和利用。 5. 项目管理：具备基	1. 生产能力规划与分配：能够根据生产任务和资源情况，合理规划和分配生产能力，确保生产计划的可行性和有效性。 2. 数据分析与决策：具备数据分析和决策能力，能够根据生产数据和指标，分析生产线的瓶颈和问题，提出合理的改进方案和优化措施。 3. 沟通与协调：良好的沟通和协调能力，能够与不同部门和团队进行有效的沟通和协作，解决问题并推动计划的执行。 4. 时间管理与优先级排序：具备良好的时间管理能力，能够	1. 组合理论与实践：将理论知识与实践操作相结合，通过案例分析、模拟演练和实际项目应用等方式，使学生能够理解理论知识的实际应用和实践操作的背后原理。 2. 项目驱动学习：组织学生参与实际的项目或模拟项目，让他们从实际问题中学习和应用知识和技能。学生可以在项目中负责制定生产计划和排程，应用所学知识解决实际问题，并通过反馈和总结不断改进。 3. 小组合作学习：鼓励学生以小组形式进行合作学习，通过协作讨论、团队项目和角色扮演等方式，共同解决计划与排程问题。小组合作学习可以培养学生的协作与沟通能力，并促进他们在实际工作中的团队合作能力。 4. 实践性任务训练：设计实际情境下的任务，让学生在模拟环境中进行计划与排程的操作和决策，通过实际的任务训练，培养学生的实际操作能力和问题解决能力。

续表

工作流程	任务职责	知识点	技能点	教学方法
		本的项目管理知识，能够制定项目计划、设定里程碑和关键路径，并进行项目进度跟踪和控制	合理安排工作优先级，保证计划的按时执行。 5. 技术工具应用：熟练使用计划与排程相关的软件工具，如ERP系统、项目管理工具、排程软件等，能够利用工具进行计划制定、排程调整和资源管理	5. 案例分析与讨论：选取真实的案例，通过案例分析和讨论，引导学生深入理解和应用计划与排程的知识和技能。通过分析案例中的问题和挑战，学生可以思考解决方案并提出优化建议。 6. 实地参观与实习：组织学生进行军工企业数字化生产线的实地参观和实习，让他们亲身体验并参与到实际的计划与排程工作中。实地参观和实习能够加深对工作流程和操作环节的理解，并提供实际操作的机会
生产操作与监控	操作数字化设备和机器人，监控生产过程中的关键参数和指标，并及时处理生产异常和问题，确保生产线的稳定运行和产品质量	1. 数字化生产设备与系统：了解军工数字化生产线上常见的生产设备、机器人和自动化系统，包括其原理、功能和操作方法。 2. 生产工艺与流程：了解军工产品的生产工艺和流程，包括各个工序的操作步骤、要求和	1. 设备操作与监控：熟练操作数字化生产设备和系统，掌握设备的启动、停止、调整和监控方法。 2. 生产参数调整与优化：能够根据生产要求和实际情况，调整生产参数和工艺参数，优化生产过程和产品质量。	1. 实验与演示：通过实验室或模拟环境中的实际操作和演示，让学生亲自参与设备操作与监控的过程，实践相关技能，并观察和体验实际操作中的问题和挑战。 2. 案例分析与讨论：选取真实的案例，通过案例分析和讨论，引导学生深入理解和应用生产操作与监控的知识和技能。学生可以分析案例中的生产工艺、设备操作及相关问题，并提出解决方案和改进措施。

续表

工作流程	任务职责	知识点	技能点	教学方法
		关键参数。 3. 安全与质量标准：熟悉军工生产线的安全操作标准和质量管理要求，了解相关的法规法规章和标准。 4. 数据采集与分析：掌握数据采集设备和系统的使用方法，了解数据分析的基本原理和方法。 5. 故障诊断与维修：了解常见的设备故障类型和故障排除方法，具备基本的设备维护和修理知识	3. 异常处理与故障排除：具备故障诊断和排除的能力，能够及时处理生产线上的异常情况和设备故障，确保生产的连续性和稳定性。 4. 数据分析与问题解决：能够收集和分析生产过程中的数据，识别问题和瓶颈，并提出改进措施和解决方案。 5. 安全意识与操作规范：具备严格的安全意识，遵守操作规范和安全操作程序，确保工作环境的安全和人员的健康	3. 小组合作学习：鼓励学生以小组形式进行合作学习，通过协作讨论、团队项目和角色扮演等方式，共同解决生产操作与监控中的问题。小组合作学习可以培养学生的协作与沟通能力，并促进他们在实际工作中的团队合作能力。 4. 虚拟仿真与模拟：利用虚拟仿真软件或模拟器，模拟真实的生产操作与监控环境，让学生在虚拟环境中进行操作和决策，培养他们的操作技能和问题解决能力。 5. 实地参观与实习：组织学生进行军工数字化生产线的实地参观和实习，让他们亲身体验并参与到实际的生产操作与监控工作中。实地参观和实习能够加深对工作流程和操作环节的理解，并提供实际操作的机会。 6. 远程教学与在线学习：利用远程教学平台或在线学习资源，提供相关的教学内容和学习资源，让学生通过在线课程、教学视频和实践任务来学习和练习生产操作与监控的知识和技能

续表

工作流程	任务职责	知识点	技能点	教学方法
数据采集与分析	数据采集与分析工作可能需要使用传感器和数据采集系统，收集生产过程中的数据，并进行数据分析，以了解生产线的性能、效率和质量，并提出改进措施	1. 数据采集原理与方法：了解数据采集的基本原理，包括传感器原理、数据传输方式和采集设备的选择与配置等。 2. 数据存储与管理：了解数据库的基本原理和数据管理方法，包括数据的存储结构、查询语言和数据安全性等。 3. 数据预处理与清洗：了解数据预处理的方法和技术，包括数据清洗、去噪、缺失值处理和异常值处理等。 4. 数据分析方法与工具：熟悉数据分析的基本方法和常用工具，包括统计分析、数据挖掘、机器学习和可视化工具等。	1. 数据采集与处理：能够使用数据采集设备和软件，进行数据的采集、传输和存储，并进行基本的数据预处理和清洗。 2. 数据分析与建模：具备数据分析和建模的能力，能够运用统计分析、机器学习等方法，对数据进行建模、预测和优化。 3. 数据可视化与报告：能够使用数据可视化工具，将数据结果进行可视化展示，并能够撰写数据分析报告。 4. 数据安全与隐私保护：具备数据安全和隐私保护的意识，能够采取相应的措施	1. 实践操作与项目实战：通过实际的数据采集设备和工具，让学生亲自进行数据采集和处理操作，并参与实际的数据分析项目实战。实践操作和项目实战能够帮助学生深入理解和应用所学知识和技能。 2. 数据案例分析与讨论：选取真实的数据案例，通过案例分析和讨论，引导学生深入理解数据采集与分析的方法和技巧。学生可以分析案例中的数据特点、问题和解决方案，并进行讨论和互动。 3. 数据模拟与实验：利用数据模拟软件或实验设备，模拟真实的数据采集和分析环境，让学生在模拟环境中进行数据处理和分析，培养他们的数据分析能力和实践操作技能。 4. 小组合作学习：鼓励学生以小组形式进行合作学习，在小组中共同参与数据采集、处理和分析的实际项目，通过合作讨论、团队合作和角色扮演等方式，提升学生的团队合作和问题解决能力。 5. 数据分析工具培训：提供专门的数

续表

工作流程	任务职责	知识点	技能点	教学方法
		5. 数据隐私与安全：了解数据隐私保护的法律法规和相关技术，包括数据加密、访问权限控制和数据安全管理等	保护数据的安全和隐私	据分析工具培训，教授常用的数据分析工具和软件的使用方法，包括统计分析软件、数据挖掘工具和可视化工具等。学生可以通过实际的操作和练习，熟练掌握这些工具的应用。 6. 远程教学与在线学习：利用远程教学平台或在线学习资源，提供相关的教学内容和学习资源，包括在线课程、教学视频和实践任务等。学生可以根据自己的节奏进行学习和实践，通过在线互动与教师和同学进行讨论和交流
质量控制与检验	使用质量检测设备和工具，进行产品的抽样检验、外观检查、功能测试等工作，确保产品符合相关标准和规范	1. 质量管理原理与方法：了解质量管理的基本原理和方法，包括质量标准与规范、质量管理体系和质量改进方法等。 2. 检验与测试技术：熟悉常见的检验和测试技术，包括物理性能测试、化学分析、无损检	1. 质量检验与测试：具备质量检验和测试的能力，能够运用相应的仪器和设备，进行产品的物理性能测试、化学分析和无损检测等。 2. 质量控制与统计分析：能够运用统计质量控制方法，进行	1. 理论讲授与案例分析：通过理论讲授，介绍质量管理原理、检验与测试技术、统计质量控制等知识点。结合真实的案例进行分析和讨论，引导学生理解和应用知识。 2. 实践操作与模拟实验：提供实践操作机会和模拟实验环境，让学生亲自进行质量检验与测试操作，熟悉常见的检验与测试技术。通过模拟实验，让学生实际操作并观察结果，加深对质量控制的理解。

续表

工作流程	任务职责	知识点	技能点	教学方法
		测、计量检测等。 3. 统计质量控制：了解统计质量控制的基本概念和方法，包括过程能力分析、控制图、抽样检验等。 4. 质量评价与标准：了解质量评价的方法和标准，包括产品质量评价、供应商评价和质量认证标准等。 5. 缺陷分析与问题解决：掌握缺陷分析的方法和技巧，能够识别和解决生产过程中的质量问题	过程能力分析、控制图绘制和抽样检验等，确保生产过程的稳定性和质量控制。 3. 缺陷分析与问题解决：具备缺陷分析的能力，能够识别和解决生产过程中的质量问题，采取相应的纠正和改进措施。 4. 质量档案与管理：能够建立和管理质量档案，包括检验记录、质量报告和质量文档的编制与管理	3. 小组讨论与合作学习：组织学生进行小组讨论，共同分析和解决质量控制与检验方面的问题。通过合作学习，促进学生之间的互动和知识交流，培养团队合作和问题解决能力。 4. 实地考察与实习实训：安排实地考察和实习实训，让学生亲身参观和体验军工数字化生产线的质量控制与检验实践。在实际工作环境中，学生能够直接接触实际操作和工作流程，加深对质量控制的认识。 5. 质量案例分析与评价：选取真实的质量案例，通过案例分析和评价，让学生掌握质量问题的识别、分析和解决方法。学生可以分析案例中的质量问题根源、解决方案和改进措施，并进行讨论和分享。 6. 信息技术辅助教学：利用信息技术辅助教学，包括多媒体课件、虚拟实验室和在线学习平台等。通过多媒体展示和虚拟实验，生动呈现质量控制与检验的理论知识和实践操作，提高学生的学习兴趣和参与度

续表

工作流程	任务职责	知识点	技能点	教学方法
故障排除与维护	熟悉生产设备和系统的操作原理，能够快速识别和解决设备故障，进行预防性维护和修理，确保生产线的可靠性和稳定性	1. 军工设备原理与结构：了解军工设备的原理和结构，包括各个部件的功能和相互关系，掌握设备的工作原理和工作流程。 2. 故障诊断与分析：具备故障诊断和分析的知识，能够通过观察、测试和数据分析等方法，确定设备故障的原因和位置。 3. 电气与电子技术：了解电气与电子技术的基本知识，包括电路原理、电子元件和传感器的工作原理，能够进行电路测试和故障修复。 4. 机械工程基础：熟悉机械工程的基本知识，包括机械结构、运	1. 故障排除与修复：具备故障排除和修复的能力，能够根据故障现象和故障诊断结果，采取相应的措施进行故障修复，包括更换部件、重新调试设备等。 2. 维护与保养：能够进行设备的定期维护和保养工作，包括清洁、润滑、调整和校准等，确保设备的正常运行和稳定性。 3. 测量与检测：具备测量和检测的技能，能够使用相应的测量仪器和设备，进行电气、机械和传感器等方面的测量和检测工作。	1. 理论教学：通过课堂讲解、教材阅读和多媒体展示等方式，介绍军工设备的原理与结构、故障诊断与分析、电气与电子技术、机械工程基础以及数据分析与处理等知识点。重点讲解设备的工作原理、故障排除方法、维护与保养技巧以及数据分析的应用等内容，帮助学生理解知识的概念和原理。 2. 实践操作：提供实际设备和模拟设备进行实践操作，让学生亲自进行故障排除与维护的操作。学生可以通过模拟故障现象、使用测量仪器和设备、更换部件等实际操作，锻炼他们的故障排除与修复技能、维护与保养能力以及测量与检测技巧。 3. 案例分析：引导学生分析和讨论真实的设备故障案例，通过案例分析的方式，让学生应用所学知识和技能，分析故障原因和解决方案。可以引导学生从故障现象、故障诊断、部件更换、设备调试等方面进行分析，培养他们的问题解决能力和分析思维。

续表

工作流程	任务职责	知识点	技能点	教学方法
		动学和力学等，能够进行机械部件的维护和故障排除。 5. 数据分析与处理：具备数据分析与处理的能力，能够通过分析设备运行数据和故障数据，找出设备故障的规律和趋势	4. 协作与沟通能力：具备良好的协作和沟通能力，能够与团队成员和相关部门进行有效的合作和沟通，共同解决设备故障和维护问题	4. 小组项目：组织学生分成小组，进行团队合作的项目实践。每个小组可以选择一个设备故障案例，进行故障排除与维护的项目实施。学生需要结合所学知识和技能，分析故障原因，制定解决方案，并进行实际操作和测试。通过团队合作和沟通，培养学生的协作能力和沟通能力。 5. 实习或实训：安排学生到相关企业或机构进行实习或实训，让他们在实际工作环境中进行故障排除与维护工作。通过实践经验的积累，学生能够更好地理解和应用所学知识和技能，并培养工作实践能力。 6. 反馈和评估：及时给予学生实践操作和项目实施的反馈，并进行评估。可以通过实验报告、项目报告、实习评估等方式，评估学生的实践能力和综合素质。根据评估结果，及时调整教学方法和内容，帮助学生进一步提升能力

续表

工作流程	任务职责	知识点	技能点	教学方法
过程改进与优化	通过数据分析和性能评估，识别生产线中存在的问题和瓶颈，并提出改进措施，优化生产流程和效率，提高产品质量和生产线的整体性能	1. 生产流程与工艺：了解军工数字化生产线的生产流程和工艺，包括各个环节的工作步骤、设备配置和数据流转等，掌握生产过程中各个环节的关系和影响。 2. 质量管理与控制：熟悉质量管理体系和方法，包括质量标准、检验与测试方法、统计质量控制等，能够进行质量管理和控制，提高产品的质量和可靠性。 3. 数据分析与统计：具备数据分析与统计的知识，能够收集、整理和分析生产过程中的数据，发现问题和改进机会，提出合理的优化方案。	1. 过程分析与改进：具备过程分析的能力，能够分析生产过程中的瓶颈、浪费和不良现象，并提出改进措施，优化生产流程和工艺。 2. 数据挖掘与统计分析：能够运用数据挖掘和统计分析方法，对生产过程中的数据进行挖掘和分析，发现数据中的规律和趋势，为改进和优化提供依据。 3. 问题解决与决策能力：具备问题解决和决策能力，能够识别和分析问题，制定解决方案，并做出决策，推动改进和优化的实施。	1. 理论教学：为学生提供关于军工数字化生产线工作流程和过程改进与优化的相关理论知识。可以通过课堂讲解、教材阅读、案例分析等方式进行教学。重点介绍生产流程与工艺、质量管理与控制、数据分析与统计等知识点，并与实际案例相结合，让学生理解知识的应用场景和重要性。 2. 实践操作：提供实际操作和实践机会，让学生亲自参与军工数字化生产线的过程改进与优化。可以设置实验或模拟场景，让学生通过数据收集、分析和优化方案设计等实际操作，掌握过程分析与改进、数据挖掘与统计分析等技能点。 3. 小组项目：组织学生分成小组，进行团队合作的项目实践。每个小组可以选择一个真实或模拟的生产线案例，进行过程改进与优化的项目实施。学生需要运用所学知识和技能，进行问题识别、数据分析、方案设计和实施等环节，并进行团队合作和沟通。

续表

工作流程	任务职责	知识点	技能点	教学方法
		4. 过程评估与审核：了解过程评估和审核的方法和标准，能够对生产过程进行评估和审核，发现潜在问题和改进点，并提出相应的改进建议。 5. 项目管理与协调：具备项目管理和协调的知识，能够组织和管理改进项目，制定项目计划、协调资源、监控进度和评估效果等	4. 团队合作与沟通能力：具备良好的团队合作和沟通能力，能够与团队成员和相关部门进行有效的合作和沟通，共同推动改进和优化的实施。 5. 创新思维与持续改进意识：具备创新思维和持续改进意识，能够不断寻求改进和创新的机会，推动生产过程的持续改进和优化	通过实际项目实践，培养学生的问题解决能力、团队合作能力和创新思维。 4. 案例分析：引导学生分析和讨论真实的军工数字化生产线案例，通过案例分析的方式，让学生应用所学知识和技能，发现问题和改进机会，并提出合理的优化方案。可以引导学生从不同角度思考问题，培养他们的分析和决策能力。 5. 演讲和展示：组织学生进行演讲或展示，让他们分享自己在过程改进与优化方面的学习和实践经验。这有助于学生加深对知识和技能的理解，并提高他们的沟通能力和表达能力。 6. 反馈和评估：及时给予学生反馈，并进行评估。可以通过课堂讨论、作业、实验报告、项目报告等方式，对学生的学习情况和能力进行评估。根据评估结果，及时调整教学方法和内容，帮助学生更好地掌握知识和技能

5.3 工作方法系列微课（会沟通系列、会工作系列、会创新系列）

在当今竞争激烈的就业市场中，增强高职学生的就业竞争力变得尤为重要。随着数字化技术的快速发展和广泛应用，数字化专业群的适应性成为一个关键因素。为了帮助学生在职业发展中取得成功，我们设计了一个工作方法系列微课，旨在帮助学生掌握基本的工作方法和技能。

首先，沟通能力是现代职场中不可或缺的技能之一。学生需要学会提问、倾听和表达自己的想法。良好的沟通技巧可以帮助他们与同事、客户和上级建立良好的关系，并有效地传递信息和解决问题。

其次，高效的工作方法对于数字化专业群的适应性至关重要。学生需要具备分析问题、做出决策和解决实际工作中遇到的问题的能力。这些技能将帮助他们在复杂的数字化工作环境中更好地应对挑战。

此外，创新能力也是核心竞争力之一。学生需要掌握创意法和设计思维等工具和方法，以培养他们的创新思维和解决问题的能力。这将使他们能够在数字化领域不断提出新的想法和解决方案，推动企业的创新和发展。

通过学习这些基本的工作方法，学生能够提升他们的就业竞争力和适应性。这些技能不仅能够帮助他们在求职过程中突出个人优势，还能够使他们在工作中更加高效和有成效。同时，军工企业数字化转型的快速推进也需要具备综合素质和全面能力的人才，而这些基本的工作方法正是培养学生综合素质的基石。

在“会沟通、会工作、会创新”三个系列的工作方法微课中，我们通过把每一个工作方法拆分成几个技能点，每一个技能提供正确和错误的示范并作出解释，使学生在遇到问题的时候，能够随时随地快速学习，找到方法或得到启发，帮助学生全面提升他们的就业竞争力，并增强他们在数字化企业中的适应性，为他们的职业发展奠定坚实的基础。“会沟通、会工作、会创新”系列工作方法微课技能要点如表 5-3 所示。

表 5-3 “会沟通、会工作、会创新”系列工作方法微课技能要点

系列名称	课程名称	技能要点
会沟通	会提问	1. 具体描述问题：清楚地描述遇到的问题，并提供足够的背景信息。例如，指明涉及的具体任务、工具、软件或流程，并说明遇到的具体困难或不理解的部分。 2. 明确需求：表达自己对问题的期望和需要。说明希望得到什么样的帮助或解决方案，以便他人能够更好地理解和回答问题。 3. 尝试过程：描述自己已经尝试过的解决方案或措施，以及结果如何。这有助于他人了解你已经做了哪些努力，并可能提供更有效的建议和解决方案。 4. 提供相关信息：如果问题涉及特定的错误消息、日志或其他相关文件，请提供相关信息，以便他人更好地理解问题的背景和上下文。 5 尊重他人的时间：尽量将问题描述清楚、简洁，避免冗长或模糊的描述。这有助于他人更快地理解问题，并提供有针对性的解决方案。 6. 寻求适当的帮助渠道：根据不同情况，可以向直属上级、团队成员、技术支持人员或专业论坛提问。选择合适的帮助渠道可以获得更准确和及时的解答
	会表达	1. 清晰简洁的语言：使用简洁明了的语言表达自己的观点，避免使用复杂的术语或过多的行话。确保你的语言清晰易懂，能够被听众准确理解。 2. 结构化思维：组织你的思维，并以逻辑清晰的方式呈现你的观点。在表达之前，先梳理好自己的思路和要点，确保信息的连贯性和条理性。 3. 使用适当的沟通工具：根据沟通的需求和情境，选择合适的沟通工具。可以是口头交流、书面文档、图表、演示文稿等。确保选用的沟通工具能够有效地传递你的意图和信息。 4. 掌握非语言沟通：除了语言表达外，注意非语言沟通的重要性。通过肢体语言、面部表情和声音的语调来支持和补充你的语言表达，增强信息的传达效果。 5. 接受反馈和批评：对于他人的反馈和批评，保持开放心态，以积极的方式接受并回应。重视他人的意见，并在必要时进行调整和改进，以提高自己的沟通能力。

续表

系列名称	课程名称	技能要点
		6. 自信和自我表达：在表达自己的观点时，保持自信和坚定，展示对自己的信心。清晰地表达自己的意愿和需求，并在必要时提供支持和解释。 7. 灵活应对不同的受众：适应不同的受众和沟通对象，调整你的语言和表达方式。针对不同的听众，用适当的术语和实例来说明你的观点，以确保沟通的有效性
	会倾听	1. 注意力集中：确保专注于对方的讲话内容，避免分心或受到干扰。通过保持眼神接触来展示你的专注。 2. 提问和澄清：在适当的时候提出问题，以澄清对方的观点或解决自己的疑惑。这有助于确保你对信息的准确理解，并促进更深入的对话。 3. 总结和复述：在对方表达完毕后，用自己的话简要总结对方的观点和意图，并复述出来，以确保你正确理解了对方的意思。 4. 表达共鸣和同理心：通过表达共鸣和同理心，向对方传达你能够理解和体会他们的观点和感受。这有助于建立良好的沟通氛围和关系。 5. 尊重和开放态度：展示尊重对方的观点，避免过早做出评判或批评。保持开放的态度，愿意接受新的想法和观点，以促进积极的对话
会工作	会分析	1. 数据分析能力：分析问题的能力包括对数据进行收集、整理、清洗和解释的能力。这包括使用统计分析方法和工具，如数据挖掘、数据可视化和机器学习，来发现数据中的模式、趋势和关联性。通过数据分析，员工可以识别问题的根本原因、发现业务机会，并提供数据驱动的解决方案。 2. 逻辑思维能力：分析问题需要具备良好的逻辑思维能力。员工需要能够理解问题的复杂性、分解问题为更小的组成部分，并推理出解决问题的合理步骤和方法。逻辑思维能力包括辨别事实和假设、建立因果关系、识别关键要素和推理推断等。通过运用逻辑思维，员工可以快速分析问题的本质，找到解决方案的途径，并制定有效的行动计划。

续表

系列名称	课程名称	技能要点
		3. 综合能力和系统思维：数字化企业一线岗位往往需要员工在复杂的环境中处理多个相关因素和变量。分析问题的能力包括综合考虑不同因素、识别相互关联和相互影响的要素，并将其视为一个整体系统来思考问题。员工需要具备系统思维的能力，能够看到问题的全局和长远影响，并能够制定综合解决方案。综合能力还包括协调不同利益相关者、管理资源和风险的能力，以实现问题的可持续解决
	会决策	1. 进行优先级排序：生产一线员工常常面临多个任务和问题同时出现的情况。有效的决策能力包括能够对任务和问题进行优先级排序，确定哪些是紧急且重要的，以便能够合理分配时间和资源。这需要员工能够快速分析和评估各项任务的紧迫性和影响力，并据此做出明智的决策。例如，当多个生产线出现问题时，员工需要决定先处理哪个问题，以最大限度地减少生产中断或产品质量问题。 2. 制定解决方案：生产一线员工在面对问题和挑战时，需要能够制定合适的解决方案。这要求他们具备分析问题的能力，识别根本原因并提出解决方案。员工需要考虑到不同因素和变量，预测各种解决方案的潜在结果，并选择最佳的方案来解决问题。例如，在生产线出现故障时，员工需要分析故障原因，确定适当的修复方法，并决定是否需要暂停生产或调整生产计划。 3. 进行风险评估：数字化企业一线岗位中，风险评估是一项重要的决策能力。员工需要能够评估潜在的风险和不确定性，并在做出决策时考虑到这些因素。他们需要分析风险的可能性和影响程度，以制定相应的措施和预防策略。例如，当面临生产线设备老化和维护成本增加的情况时，员工需要评估继续使用旧设备和进行更新换代之间的风险，并决定是否进行设备更新以降低潜在的生产故障风险
	会解决问题	1. 改变：如何改变现状？可以做哪些改变来解决问题或改进现有方案？ 2. 适应：如何使现有方案适应新的环境或需求？有哪些方式可以调整或改进现有方案以适应变化？ 3. 提取：从其他领域或行业中有哪些想法可以借鉴、应用或改进？

续表

系列名称	课程名称	技能要点
		4. 组合：可以将哪些现有元素或想法进行组合，以形成新的解决方案？ 5. 改进：有哪些方式可以改进现有方案，使其更加高效、可靠或可持续？ 6. 倒转：有哪些方式可以颠覆传统思维，尝试相反的方法或逆向思考来解决问题
会创新	SCAMPER 创意法	1. substitute（替代）：思考如何替代现有的元素、部分或过程。可以考虑替换材料、方法、环境或其他相关因素，以发现新的可能性。 2. combine（组合）：思考如何将不同的元素、部分或概念进行组合。可以将不同的想法、方法或资源进行结合，以创造出新的组合形式。 3. adapt（适应）：思考如何适应新的环境、需求或条件。可以尝试调整和改进现有的解决方案，以适应变化和新的要求。 4. modify（修改）：思考如何对现有的元素、部分或过程进行修改和调整。可以考虑改变大小、形状、颜色、结构等方面，以改进功能或性能。 5. put to another use（用于其他用途）：思考如何将现有的元素、部分或概念应用于不同的领域或用途。可以探索新的应用场景或找到不同的用途，以发现新的创新机会。 6. eliminate（消除）：思考如何消除不必要的元素、部分或步骤。可以考虑去除冗余、简化复杂性或减少资源消耗，以提高效率和简化流程。 7. reverse（反转）：思考如何颠覆传统思维，尝试相反或逆向的方法。可以考虑逆向思考、倒转顺序或反转逻辑，以发现新的视角和解决方案
	TRIZ 创新法	1. 矛盾矩阵：使用矛盾矩阵来识别和解决问题中的技术矛盾。矛盾矩阵是一个表格，通过列出常见的矛盾对，以指导创新者寻找解决方案。 2. 资源转换：通过改变资源的状态、组合或转换方式，解决问题和实现创新。TRIZ 提供了一些资源转换的模型和方法，如物质场分析、能量场分析等。 3. 九窗法：通过将系统或问题划分为九个窗口，分析每个窗口的功能和特征，以发现创新的机会和解决方案。

续表

系列名称	课程名称	技能要点
		4. 技术预测：利用 TRIZ 的知识库和理论，预测技术发展的趋势和可能性，为创新提供指引和方向。 5. 引导式创新：TRIZ 提供了一系列的引导问题和启发式原则，帮助创新者在解决问题和产生创新时思考和引导思维
	设计思维	1. 理解：通过深入观察、访谈和研究，全面理解用户的需求、期望和痛点。这一阶段侧重于获取关于用户体验和需求的信息，并建立对用户的共情能力。 2. 定义：在理解的基础上，明确问题的定义和范围。通过整理和分析收集到的信息，梳理出关键问题，并制定明确的目标。 3. 思考：在这一阶段，进行头脑风暴和创意产生。团队成员提出各种可能的解决方案和创新想法，鼓励大胆和自由的思考，并避免评判和限制。 4. 原型：选择最有潜力的创意方案，并将其制作成初步的原型或模型。这有助于将抽象的想法具象化，并为进一步的测试和验证提供基础。 5. 测试：与用户进行密切合作，将原型交给用户进行测试和反馈。通过观察用户的反应和行为，了解他们的体验和需求，进一步优化和改进解决方案。 6. 实施：在经过多次迭代和测试后，选择最佳的解决方案并实施。这可能涉及产品、服务或流程的开发、制作和推广，以满足用户需求并实现创新目标

6

PART SIX

重庆电讯职业学院军工数字化专业群动态监测机制

6.1 军工数字化专业群动态监测——以基准管理理论为视角

基准管理（benchmarking）是一种涉及持续改进的管理理念和管理方法，其核心是将组织自身的业绩与行业内外的领先者进行比较，以发现自身不足，并通过学习和改进来提高自身竞争力。

6.1.1 基准管理理论视角下军工数字化专业群动态监测的意义与价值

高职院校在制定专业群监测方案时，可以通过与行业内先进实践的比较和学习，不断提高专业群的竞争力，并为学生提供与行业需求相匹配的教育和就业机会。

1. 意义

选用基准管理理论对军工数字化专业群进行动态监测具有以下几个方面的重要意义：

1）衡量与行业标杆的差距

基准管理理论可以提供行业内军工企业数字化转型的标杆数据，与这些数据进行比较有助于军工专业群衡量自身在数字化转型方面与行业标杆间存在的差距，也有助于专业群发现自身在技术应用、工艺改进、数据分析等方面的不足，并为改进提供方向和目标。

2）确定数字化转型的关键指标

通过基准管理理论的应用，可以明确军工数字化专业群的关键指标。基于行业标杆和最佳实践，确定与数字化转型相关的关键指标，如数字化技术应用程度、数据集成能力、智能制造水平等，有助于量化评估军工专业群在数字化转型方面的进展和成效。

3）制定具体的改进策略

基准管理理论为军工数字化专业群提供了参考和借鉴。通过分析行业内领先企业的数字化转型实践，可以获取宝贵的经验和教训，为专业群的改进策略和行动计划提供依据。这有助于军工专业群确定具体的数字化转型路径和优先领域，推动数字化转型的顺利进行。

4）提升军工企业的竞争力

基于基准管理理论的动态监测可以帮助军工专业群提升竞争力。通过与行业标杆和同行企业的比较，可以了解行业内的最佳实践和先进技术应用，从而推动军工企业在数字化转型方面的持续改进和创新。这有助于提高产品质量、研发效率和生产效益，增强军工企业的市场竞争力。

5）支持政策制定和资源配置

基准管理理论的动态监测结果可以为政府的政策制定和资源配置提供依据。基于基准数据和比较分析，可以更准确地了解军工专业群的实际情况和需求，为政策制定者提供决策支持，合理配置资源，促进军工企业数字化转型的推进。

2. 价值

选用基准管理理论对军工数字化专业群进行动态监测的价值主要体现在以下几个方面：

1）评估数字化转型进展

基准管理理论提供了一个标准和框架，用于评估军工数字化专业群的进展情况。通过与基准数据的比较，可以了解专业群在数字化技术应用、数据分析、智能制造等方面的成熟度和进步程度。这有助于发现军工专业群在数字化转型上的瓶颈和不足，为其改进提供指导和方向。

2）优化资源配置

选用基准管理理论对军工数字化专业群进行动态监测可以帮助高职院校和军工企业优化资源配置。通过对专业群进行数字化转型方面的绩效评估，可以确定资源投入和支持的重点领域和项目。这有助于合理分配资金、人力和技术支持，提高资源利用率，推动军工企业数字化转型的顺利进行。

3）促进经验共享和合作

选用基准管理理论对军工数字化专业群进行动态监测可以促进军工数字化专业群之间的经验共享和合作。通过与行业标杆和同行机构的比较，可以发现成功的案例和最佳实践，从中吸取经验和教训。这有助于建立合作机制和交流平台，推动专业群之间的合作与协同，加快数字化转型的进程。

4）提高教学质量和学生就业竞争力

选用基准管理理论对军工数字化专业群进行动态监测可以帮助高职院校提高军工数字化专业群的教学质量。通过对专业群的绩效评估，可以发现教学过程中存在的问题和改进的空间。这有助于优化课程设置、改进教学方法和实践环节，提高学生的实际能力和就业竞争力，满足军工企业数字化转型的人才需求。

5）推动行业发展和创新

基准管理理论的应用可以推动整个军工行业的数字化转型和创新。通过对专业群的动态监测，可以发现行业内的瓶颈和挑战，为行业发展提供改进方向和推动力。这有助于促进技术创新、推动数字化技术的应用，提升整个军工行业的竞争力和核心能力。

6.1.2 基准管理的步骤和关键要点

1. 基准管理的一般步骤

（1）确定目标和范围：明确组织所要改进的领域和目标，确保基准管理的焦点和范围明确。

（2）寻找参照对象：选择具有卓越绩效的组织作为参照对象，这些组织可以是同行业的竞争对手，也可以是其他行业的佼佼者。

（3）收集和分析数据：收集与目标领域相关的数据，并对参照对象和自身组织的绩效指标进行比较和分析。这可以包括定量数据（如关键绩效指标）和定性数据（如流程和实践的描述）。

（4）确定差距和机会：通过对比分析，确定自身组织与参照对象之间的差距和改进机会。认识和理解差距是实现改进的关键，为确定优先级和目标奠定基础。

（5）设定目标和制定行动计划：基于确定的差距和机会，制定具体的改进目标，并制定详细的行动计划，包括责任分配、时间表和资源需求。

（6）实施改进：执行行动计划，确保改进措施得以落地。这可能涉及流程优化、技术升级、组织文化变革等方面的内容。

（7）监测和评估：建立监测机制，跟踪改进措施的实施情况和效果。定期评估改进的成果，并与参照对象进行再次比较。

（8）持续改进：基于监测和评估的结果，对行动计划进行修订和改进。持续寻找新的参照对象和最佳实践，保持组织的持续改进。

2. 基准管理的关键要点

（1）比较和学习：通过与参照对象进行比较和学习，发现差距和改进机会，并借鉴最佳实践来提高绩效。

（2）专注和明确目标：基准管理需要明确改进的目标和范围，确保集中精力解决关键问题和挑战。

（3）数据驱动决策：基准管理依赖于有效的数据收集和分析，以支持决策和改进措施的制定。

（4）持续改进：基准管理是一个持续的过程，需要不断追求卓越，进行监测和评估，并持续改进组织的绩效和实践。

6.1.3 军工数字化专业群监测方案

军工数字化专业群监测对象为重庆市三所同级别院校。监测目标是确保重庆电讯职业学院的各项指标，与这三所参照院校相比，三年内保持领先。具体的监测步骤如下：

1. 确定关键指标

为了保持领先地位，需要确定关键指标来衡量专业群的领先程度。关键指标可能包括数字化技术应用程度、数据分析与挖掘能力、智能制造水平等。假设数字化技术应用程度是一个关键指标，可以将相关指标定义为过去一年内专业群学生完成的数字化技术应用案例数量。

2. 收集基准数据

对三所同城同级别的院校专业群进行数据收集和比较，确保基准数据的准确性和可比性，以便评估专业群在各个指标上的相对位置和差距。

选择三所同城同级别的院校专业群作为基准。针对关键指标，收集基准数据，例如：

数字化技术应用案例数量：收集三所院校过去一年内的数字化技术应用案例数量。

数据分析和挖掘工具的使用率：通过问卷调查或访谈，收集三所院校专业群教师和学生对数据分析工具使用情况的反馈。

智能制造设备的覆盖率：实地观察三所院校的实验室和工厂，记录智能制造设备的种类和数量。

3. 设定目标和时间框架

根据专业群的发展需求和战略目标，制定具体的目标和时间框架。例如，在某个特定指标上超过其他院校一定的百分比，或在特定时间内达到某个水平。

目标：在关键指标上保持领先地位。

时间框架：例如，达到或超过其他院校的指标水平，在三年内实现。

这个步骤的难点是设定目标和时间框架不仅需要考虑专业群的现状和发展潜力，还要具备挑战性和可实现性。同时，也要注意目标应该是明确的、可衡量的和可追踪的，时间框架应充分考虑专业群发展所需的时间和资源。

4. 制定监测计划

根据关键指标、基准数据和目标，制定监测计划。确定监测的频率、时间范围和具体的监测方法。可以采用定期调研、数据收集和分析、实地观察等方式进行监测。

监测频率：每学年进行一次监测评估。

监测方法：结合定期调研、数据收集和分析，以及实地观察等方式进行监测。

数据收集工具：设计问卷调查、访谈指南和观察记录表。

5. 设计数据收集工具

设计相应的数据收集工具，以获取与目标指标相关的数据。可以使用问卷调查、访谈指南、数据分析工具等，确保数据收集工具的科学性和可操作性。

这一步骤的主要难点是设计数据收集工具需要准确捕捉关键指标，并具有科学性和可操作性。同时，数据收集工具应经过充分的预测试和验证，以确保问题清晰、回答选项全面，并尽量减少误差和偏差。

6. 实施监测活动

根据监测计划和数据收集工具，实施监测活动。收集数据、进行访谈、观察专业群的实际情况，获取与目标指标相关的信息和数据。

发放问卷调查并收集教师和学生的回复。

进行访谈，与教师和学生进行面对面的交流和深入了解。

实地观察三所院校的实验室和工厂，记录智能制造设备的情况。

7. 数据分析与比较

对收集到的数据进行统计分析和与其他院校专业群进行比较。评估专业群在关键指标上的表现，确定是否保持领先地位，并识别潜在的改进和提升机会。

统计并分析问卷调查的数据，计算三所院校的数字化技术应用案例数量平均值和标准差，并与目标进行比较。

分析访谈结果，整理教师和学生对数据分析工具使用率的反馈意见。

汇总观察记录表中的智能制造设备数据，比较三所院校的覆盖率，并与目标进行比较。这一步的难点是对收集到的数据进行统计分析和比较，可能需要用到专业的数据分析技能和工具。

8. 生成监测报告

根据数据分析的结果，生成监测报告。报告应包括专业群的当前状态、与其他院校的比较结果、存在的优势和改进建议。报告可以以书面形式呈现，包括各指标的实际水平、与其他院校的比较结果、存在的优势和改进建议。报告还可以包括图表、数据分析结果和实地观察的照片，以便清晰地呈现情况。

基于基准管理理论，我们设计了一个军工数字化专业群竞争力动态监测方案（见表 6-1），来对接军工企业数字化转型的需求。该方案可以有效评估专业群的竞争力水平，并及时发现和解决问题，从而提高专业群的数字化转型竞争力。

表 6-1　军工数字化专业群竞争力动态监测方案

步骤	任务	具体行动	评估方法
确定监测目标	明确监测专业群总体竞争力和关键影响因素，如专业设置科学性、课程内容前沿性、教学方法有效性、师资力量充足性、技能培养适用性等	制定监测目标责任人，召开专题研讨会确定监测维度	形成会议记录和目标明确表
		组建专家团队，明确监测目标和具体指标	专家评审打分

续表

步骤	任务	具体行动	评估方法
构建指标体系	设定定量和定性指标，形成结构化指标体系。定量指标包括：就业率、职业资格证书获得率、竞赛获奖率等；定性指标包括：用人单位满意度、社会认可度等	参考教育部指标体系，设定适合本校的定量和定性指标	采用问卷调查确定权重
		举行专家评审，完善指标体系	定量分析和内容验证
确定基准对象	选择区域内影响力强、有代表性的高职院校专业群作为基准对象，开展对标学习	调研分析区域内高职院校专业设置情况	横向对比分析
		比较优势专业，确定 2~3 所对标学校	数据统计方法
收集数据	通过问卷、访谈、数据统计等方式广泛收集第一手数据。同时参考第三方评价结果	设计调查问卷，开展现场访谈、网络问卷	样本分析
		与第三方机构合作，收集就业监测报告	数据比对
建立动态监测	通过轮询调研、连续反馈的方式开展定期监测，形成时间序列数据。监测频次一般为每学期 1 次	制定监测工作计划，明确时间节点	形成项目进度表
		建立数据库，实时更新监测数据	进行版本控制
分析评估	采用定量和定性相结合的方式，对各评估指标进行综合分析比对，识别存在的差距及其原因	采用定量和定性方法对数据进行分析	形成评分机制
		输出专业竞争力分析报告	复盘

续表

步骤	任务	具体行动	评估方法
提出改进措施	针对监测发现的问题，提出有针对性的改进措施，完成一次改进循环，不断提升专业群竞争力	组织专家研讨改进措施	点评互评
		提出专业调整、课程改革、师资培训等建议	决策树分析
梯次推进	先从一个专业群开展监测评估，取得经验后，在全院范围内推广执行	先在 1 个专业群开展试点	效果评估
		评估效果，逐步推广	问卷调查法
完善机制	建立健全监测结果应用机制，以及动态调整专业设置的机制，形成专业群动态优化的闭环	建立监测结果应用制度	流程优化
		加快专业设置动态调整频率	周期评估
强化结果运用	根据监测结果进行专业调整和资源优化配置，并将其纳入教学质量年度报告，促进专业群建设	监测结果纳入质量年度报告	形成专项分析
		按结果进行资源配置优化	成本效益分析

6.2 军工数字化专业群适应性设计评价指标体系

针对高职院校的专业群适应性评价，已经有研究者提出过评价方案。但由于我们研究的是军工数字化特色专业群的适应性设计，我们认为有必要单独设计一个评价指标体系。

第一，针对性和特殊性。通过设计一个专门针对军工数字化专业群的评价指标体系，可以更准确地考量该领域的特定需求和要素，确保评估的精准性和实用性。

第二，行业特点考量。由于军工产品的特殊性，军工数字化领域具有独特的特点和要求，与其他专业群存在显著差异。通过研究和设计一个军工数字化专业群的评价指标体系，能够更充分地考虑该领域的专业知识、技能、实践和素质要求，确保评估体系的适应性和准确性。

第三，定制化需求。不同的高职院校可能在军工数字化专业群的教学设置、师资队伍、课程体系等方面存在差异。通过设计一个评价指标体系，可以根据具体院校的需求和特点进行量身定制，提供更加个性化和有效的评估工具。

我们根据专业群的动态评价模型，从高职院校内部可控的四个变量：课程体系、师资队伍、教学模式与方法、教材与学习资源，以及直接受外部环境影响的两个变量：人才规格、实践环境，构建了一个三级结构的军工数字化专业群适应性的评价指标体系，并提供了每一级评价指标的数据获取方法（见表6-2）。

表 6-2　军工数字化专业群适应性设计评价三级指标体系

要素	一级指标	二级指标	三级指标	方法
内部要素	1 教学模式与方法	1.1 适应行业需求 评估教学模式与方法是否与军工数字化行业的需求相适应；教学内容和方法应紧密结合军工数字化领域的实际应用，培养学生所需的专业技能和能力	1.1.1 行业调研和需求分析 评估是否进行军工数字化行业的调研，了解当前行业的需求和趋势，分析行业对人才的需求特点和技能要求 1.1.2 教学内容与行业对接 评估教学内容是否与军工数字化行业的实际应用相对接，是否涵盖了行业所需的专业技能和能力 1.1.3 教学方法与实践结合 评估教学方法是否与军工数字化行业的实际应用相结合，是否能够培养学生所需的专业技能和能力。 1.1.4 学生就业和行业认可 评估教学模式与方法是否得到军工数字化行业的认可，并能够提供学生就业的机会和竞争力	1.1.1.1 进行行业调研，通过与企业、专家、行业协会等相关方进行交流和访谈，了解军工数字化行业的发展趋势和人才需求。 1.1.1.2 分析行业对人才的技能要求，包括军工数字化领域的实际应用、专业技能和能力等方面。 1.1.2.1 对教学内容进行评估，确保内容与军工数字化行业的实际应用相对接，包括相关的技术、工具、软件应用和工程实践等方面。 1.1.2.2 检查教学大纲和教材，评估其是否覆盖了军工数字化行业所需的专业技能和能力。 1.1.3.1 观察教学过程，评估教学方法是否采用了实践性强、贴近行业实际的教学方式，如案例分析、项目实训、实地考察等。 1.1.3.2 检查教学资源和实验设施，评估其是否能够提供学生进行实践操作和实验研究的机会，以培养学生的实际应用能力。 1.1.4.1 调查校友就业情况，了解毕业生在军工数字化行业的就业情况和就业岗位的适应性。 1.1.4.2 与军工数字化行业的企业、机构或相关专家进行对接，了解他们对学校教学模式与方法的评价和认可程度

续表

要素	一级指标	二级指标	三级指标	方法
内部要素	1 教学模式与方法	1.2 实践导向 评估教学模式与方法是否注重实践导向，教学是否注重实际操作、项目实践、实习或实训等环节，使学生能够在真实场景中应用所学知识，培养解决问题和实践的能力。	1.2.1 实践教学环节 评估教学模式与方法中是否包含充分的实践教学环节，如实际操作、项目实践、实习或实训等，以提供学生实践应用所学知识的机会。 1.2.2 实际场景模拟 评估教学模式与方法是否能够模拟真实场景，使学生在模拟环境中应用所学知识，培养解决问题的能力和实践能力。 1.2.3 实践能力培养 评估教学模式与方法是否能够有效培养学生的实践能力，使其具备在实际工作中解决问题和应对挑战的能力	1.2.1.1 检查教学计划和课程设置，评估是否有明确的实践环节，如实验课程、实践项目、工程实训等。 1.2.1.2 观察教学现场，评估实践教学环节的开展情况，包括实际操作的频率、项目实践的质量和实习或实训的安排等。 1.2.2.1 检查教学设施和实验室，评估其是否能够提供真实场景的模拟环境，如军工数字化设备、仿真软件等。 1.2.2.2 观察教学活动或课程，评估是否能够通过案例分析、模拟演练等方式，让学生在模拟环境中解决问题和实践操作。 1.2.3.1 考察学生的实践成果和项目作品，评估其在实践活动中的表现和成果质量。 1.2.3.2 进行学生的实践能力评估，如通过实践考核、实际应用能力测试等方式，评估学生在实践环节中的能力水平

续表

要素	一级指标	二级指标	三级指标	方法
内部要素	1 教学模式与方法	1.3 多元教学方法 评估是否采用多元化的教学方法，以满足不同学生的学习需求和学习风格。包括讲授式教学、案例分析、小组讨论、项目研究、实验实践等多种形式的教学方法	1.3.1 教学方法多样性 评估教学模式与方法中是否采用了多种形式的教学方法，以满足不同学生的学习需求和学习风格。 1.3.2 学习需求匹配 评估教学模式与方法是否能够满足不同学生的学习需求和学习风格，以提高学习效果和学生参与度。 1.3.3 教学资源多样性 评估教学模式与方法中是否提供了多样化的教学资源，以支持多元教学方法的实施	1.3.1.1 检查教学计划和课程设置，评估是否包含了不同类型的教学方法，如讲授式教学、案例分析、小组讨论、项目研究、实验实践等。 1.3.1.2 观察教学活动或课程，评估教师在教学过程中是否灵活运用多种教学方法，以提供多样化的学习体验。 1.3.2.1 进行学生问卷调查或访谈，了解学生对不同教学方法的偏好和学习需求，评估教学模式与方法是否能够满足学生多样化的学习需求。 1.3.2.2 观察教学过程中学生的参与情况和反馈，评估教学方法对学生学习积极性和学习效果的影响。 1.3.3.1 检查教学资源和教材，评估其是否涵盖了多元教学方法所需的教学材料、案例资源、实验设备等。 1.3.3.2 观察教学现场，评估是否提供了适合多元教学方法的教学环境，如小组讨论区、实验室、多媒体设备等

续表

要素	一级指标	二级指标	三级指标	方法
内部要素	1 教学模式与方法	1.4 教师角色转变 评估教师在教学过程中的角色转变。教师应从传统的知识传授者转变为学习的引导者和实践实训指导者，注重激发学生的学习兴趣和主动性，培养学生的自主学习能力	1.4.1 角色转变 评估教师在教学过程中是否能够有效地转变角色，从传统的知识传授者转变为学习的引导者和指导者。 1.4.2 学习兴趣激发 评估教师是否能够激发学生的学习兴趣和动力，以增强学生的学习主动性。 1.4.3 自主学习能力培养 评估教师是否能够培养学生的自主学习能力，使其具备独立思考和自主学习的能力	1.4.1.1 观察教学现场，评估教师是否能够与学生进行积极互动，引导学生思考和讨论，而不仅仅是单向传授知识。 1.4.1.2 分析教学材料和教案，评估教师是否设计了学生参与的活动和任务，以促进学生的主动学习和自主探究。 1.4.2.1 进行学生问卷调查或访谈，了解学生对教师在课堂上引发学习兴趣的能力的评价和反馈。 1.4.2.2 观察教学过程中学生的参与度和表现，评估教师是否能够通过多种教学策略和方法激发学生的学习兴趣。 1.4.3.1 检查教学活动或课程设计，评估教师是否鼓励学生进行自主学习和独立思考。 1.4.3.2 观察教师在课堂上的指导方式，评估教师是否能够引导学生主动探索和解决问题，培养学生的自主学习能力

续表

要素	一级指标	二级指标	三级指标	方法
内部要素	1 教学模式与方法	1.5 技术保障与创新 评估是否运用科技手段支持教学，如在线学习平台、虚拟实验室、模拟仿真等。同时，评估教学模式是否鼓励学生在学习过程中进行创新实践，培养学生的创新思维和创造力	1.5.1 技术应用 评估教学模式与方法是否充分运用科技手段支持教学，如在线学习平台、虚拟实验室、模拟仿真等。 1.5.2 创新实践 评估教学模式是否鼓励学生在学习过程中进行创新实践，培养学生的创新思维和创造力。 1.5.3 学生反馈 评估学生对科技支持和创新实践的反馈和体验，以了解其对教学模式的认可程度和效果评价	1.5.1.1 检查教学计划和课程设置，评估是否有科技支持的教学环节或活动，如利用在线学习平台进行课程资源共享和学习交流。 1.5.1.2 观察教学现场，评估是否运用了虚拟实验室或模拟仿真技术，以提供更丰富的实践和体验。 1.5.2.1 观察教学活动或课程设计，评估是否包含创新实践的任务和项目，如学生团队合作开展科技创新项目或设计作品。 1.5.2.2 分析学生作品和成果，评估学生在学习过程中的创新程度和创造力发展情况。 1.5.3.1 进行学生问卷调查或访谈，了解学生对科技支持和创新实践的感受和意见，评估其对教学模式的认可程度和满意度。 1.5.3.2 组织学生分享会或展示活动，让学生展示他们在学习过程中的创新成果，评估学生在科技支持和创新实践方面的表现和成就

续表

要素	一级指标	二级指标	三级指标	方法
内部要素	1 教学模式与方法	1.6 团队合作与交流 评估教学模式是否注重团队合作和交流。军工数字化专业群学生的学习和工作常常需要团队合作，教学方法应能够培养学生的团队协作能力和沟通交流能力	1.6.1 团队合作 评估教学模式是否注重团队合作，培养学生的团队协作能力。 1.6.2 交流能力 评估教学模式是否注重学生的交流能力培养，使其能够有效地进行沟通和交流。 1.6.3 学生评价 评估学生对团队合作和交流的评价和反馈，以了解其对教学模式的认可程度和效果评价	1.6.1.1 观察教学活动或课程设计，评估是否包含团队合作的任务和项目，如小组讨论、项目研究或实践任务。 1.6.1.2 分析学生团队合作作业或项目成果，评估学生在团队合作中的角色扮演、协作能力和团队目标达成情况。 1.6.2.1 观察教学现场，评估教师是否鼓励学生积极参与课堂讨论和互动，提高他们的口头表达和听取他人意见的能力。 1.6.2.2 分析学生书面交流作业或报告，评估学生在文字表达和书面沟通方面的能力和水平。 1.6.3.1 进行学生问卷调查或访谈，了解学生对团队合作和交流的感受和意见，评估其对教学模式的认可程度和满意度。 1.6.3.2 组织学生评估小组讨论或项目合作的过程和结果，让学生互相评价团队成员的合作能力和交流效果

续表

要素	一级指标	二级指标	三级指标	方法
内部要素	1 教学模式与方法	1.7 反馈与评估 评估教学模式是否注重及时的反馈和评估机制。学生是否得到及时的反馈，了解自己的学习进展，教师也应通过评估了解教学效果，及时调整和改进教学方法	1.7.1 反馈机制 评估教学模式是否建立了及时的反馈机制，以便学生了解自己的学习进展和表现。 1.7.2 评估机制 评估教学模式是否设立了有效的评估机制，以便教师了解教学效果并进行及时的调整和改进。 1.7.3 教师反馈 评估教师对学生学习情况的反馈方式和效果，以了解其对学生学习进展的了解和评估方式	1.7.1.1 检查教学计划和课程设计，评估是否设立了学生作业提交和批改的及时反馈机制，如在线学习平台或邮件等方式。 1.7.1.2 检查教师的反馈记录，评估教师是否定期给予学生个别的学习反馈和建议，帮助他们改进学习方法和提高学习效果。 1.7.2.1 检查教学计划和课程设计，评估是否包含定期的课程评估和教学反思环节，以收集学生和教师对教学效果的意见和建议。 1.7.2.2 分析学生的学习成绩和表现，评估是否设立了全面的评估体系，包括考试、作业、实践项目等，以全面了解学生的学习情况和教学效果。 1.7.3.1 进行教师访谈或问卷调查，了解教师对学生学习情况的反馈方式和频率，评估其对学生学习进展的了解程度。 1.7.3.2 分析学生和教师的反馈记录，评估教师的反馈是否具有针对性和指导性，对学生学习和成长起到积极作用

续表

要素	一级指标	二级指标	三级指标	方法
内部要素	2 教材与学习资源	2.1 更新与前沿性 评估教材与教学资源是否与军工数字化领域的最新发展保持同步。教材是否包含最新的理论知识、实践案例和技术应用，以满足学生对前沿知识的需求	2.1.1 教材内容 评估教材中是否包含最新的理论知识、实践案例和技术应用，以保持与军工数字化领域最新发展的同步。 2.1.2 教学资源更新 评估教学资源是否得到及时更新并与最新发展保持同步，以提供学生接触前沿知识的机会。 2.1.3 学生反馈 评估学生对教材与教学资源的反馈和意见，以了解其对更新与前沿性的感知和需求	2.1.1.1 检查教材目录和章节内容，评估其是否涵盖了军工数字化领域的最新概念、理论框架和技术应用。 2.1.1.2 检查教材中的案例研究和实践示例，评估其是否包含了最新的军工数字化领域 2.1.2.1 检查教学资源库或在线学习平台，评估其是否提供了最新的学术论文、技术报告、行业动态等资源，以便学生了解军工数字化领域的最新发展。 2.1.2.2 检查教学资源链接或参考资料，评估其是否提供了与军工数字化领域相关的权威网站、期刊、会议等资源，以便学生深入了解前沿知识和研究动态。 2.1.3.1 进行问卷调查或访谈，了解学生对教材内容和教学资源的满意度及其有效性，评估学生对教材和教学资源更新，以及前沿知识的感知和需求。 2.1.3.2 组织学生讨论或小组分享，让学生分享他们对军工数字化领域最新发展的了解和兴趣，以确定教材和教学资源能否满足他们的需求

续表

要素	一级指标	二级指标	三级指标	方法
内部要素	2 教材与学习资源	2.2 内容全面与深度 评估教材是否涵盖军工数字化专业群所需的全面的知识体系，并具有一定的深度。教材应包含核心概念、基本理论和实践技能，并能够引导学生进行深入学习和研究	2.2.1 教材内容 评估教材是否涵盖军工数字化专业群所需的全面知识体系，包括核心概念、基本理论和实践技能。 2.2.2. 教材深度 评估教材所涉及的内容是否有一定的深度，是否能够引导学生进行深入学习和研究。 2.2.3 学生学习和应用 评估学生在学习和应用教材内容时的表现和成果，以便了解教材的全面性和深度对学生学习的影响	2.2.1.1 检查教材目录和章节内容，评估其是否包含了军工数字化专业群的核心概念、基本理论和实践技能，如数字信号处理、网络安全、数据分析等。 2.2.1.2 检查教材中的例题、案例和练习题，评估其是否涵盖了不同难度和层次的内容，以帮助学生理解和应用所学的知识。 2.2.2.1 检查教材中的理论部分，评估其是否提供了对核心概念和基本理论的详细解释和阐述，以帮助学生建立扎实的理论基础。 2.2.2.2 检查教材中的实践部分，评估其是否提供了实际案例和技术应用的深入分析和讨论，以帮助学生将理论知识应用到实际问题中。 2.2.3.1 进行学生作业和考试评分，评估学生对教材内容的掌握程度和应用能力，以判断教材的全面性和深度能否满足学生的学习需求。 2.2.3.2 观察学生的课堂参与和讨论，评估学生对教材内容的理解和深入思考程度，以了解教材是否能够引导学生进行深入学习和研究

续表

要素	一级指标	二级指标	三级指标	方法
内部要素	2 教材与学习资源	2.3 实践性与案例分析 评估教材是否注重实践性和案例分析。教材是否提供实际案例、项目任务和应用场景，帮助学生理解理论知识的实际应用，并培养学生解决问题和应用技能的能力	2.3.1 教材内容 评估教材是否注重实践性和案例分析，是否提供实际案例、项目任务和应用场景。 2.3.2 案例分析深度 评估教材中的案例分析是否具有一定的深度，是否能够培养学生解决问题的能力。 2.3.3 学生实践和案例分析 评估学生在实践和案例分析方面的表现和成果，以了解教材的实践性和案例分析对学生学习的影响	2.3.1.1 检查教材中的案例研究和实践示例，评估其是否提供了与军工数字化领域相关的实际案例，以帮助学生理解理论知识的实际应用。 2.3.1.2 检查教材中的项目任务或实践项目，评估其是否提供了具体的任务和场景，让学生在实践中应用所学的知识和技能。 2.3.2.1 检查教材中的案例分析部分，评估其是否提供了对案例的深入分析和讨论，包括问题的识别、解决方案的设计和实施、结果的评估等，以培养学生的问题解决能力。 2.3.2.2 检查教材中的案例分析题目或练习题，评估其是否涉及实际问题和场景，要求学生分析和应用所学的知识进行解决，以培养学生的应用技能。 2.3.3.1 观察学生在实践课程或实验室中的表现，评估他们在实际操作和问题解决中的能力，以判断教材的实践性是否能够培养学生的实际应用能力。 2.3.3.2 评估学生在案例分析任务中的报告，评估他们对案例的分析能力和解决问题的能力，以了解教材的案例分析是否能够帮助教师培养学生的问题识别和解决能力

续表

要素	一级指标	二级指标	三级指标	方法
内部要素	2 教材与学习资源	2.4 多样化与多媒体支持 评估教材形式的多样性和多媒体支持。教材应包括文字、图表、图片、视频、模拟软件等多种形式，以满足不同学生的学习需求和学习风格	2.4.1 教材形式多样性 评估教材是否采用多种形式，包括文字、图表、图片、视频、模拟软件等，以满足不同学生的学习需求和学习风格。 2.4.2 多媒体支持 评估教材是否提供多媒体支持，如音频、视频、动画等，以丰富学习体验和提高学习效果。 2.4.3 学生反馈 评估学生对教材多样化和多媒体支持的反馈和意见，了解教材的实际效果及改进的方向	2.4.1.1 检查教材的内容和布局，评估其是否采用了不同形式的呈现方式，如文字说明、图表和图片展示、视频演示等，以提供多样化的学习材料。 2.4.1.2 检查教材中是否提供了与军工数字化专业群相关的模拟软件或虚拟实验平台，供学生进行实践和模拟操作，以增强学习效果。 2.4.2.1 检查教材中是否包含配套的教学视频或音频资源，用于解释复杂概念、演示操作过程等，以增强学生的理解和记忆效果。 2.4.2.2 评估教材中是否使用了动画或交互式元素，以形象生动地展示抽象概念和实验过程，提高学生的参与度和学习效果。 2.4.3.1 进行学生问卷调查或小组讨论，收集学生对教材形式多样性和多媒体支持的评价和建议，了解学生对教材的接受程度和使用体验。 2.4.3.2 观察学生在使用教材时的反应和参与程度，评估教材的多样化和多媒体支持对学生学习积极性和效果的影响

续表

要素	一级指标	二级指标	三级指标	方法
内部要素	2 教材与学习资源	2.5 教学资源丰富度 评估教学资源的丰富度和可获取性。教学资源包括教学课件、实验指导、教学视频、参考书目等，应具备充足的数量和质量，以支持学生的学习和实践需求	2.5.1 教学资源数量 评估教学资源的数量是否充足，包括教学课件、实验指导、教学视频、参考书目等。 2.5.2 教学资源质量 评估教学资源的质量是否高，是否能够满足学生的学习和实践需求。 2.5.3 教学资源可获取性 评估学生能否方便地获取教学资源，是否能够满足他们的学习和实践需求	2.5.1.1 检查教学平台或教材附带的资源库，评估其是否提供了丰富的教学资源，覆盖了军工数字化专业群的各个知识点和技能要求。 2.5.1.2 调查教师使用的教学资源情况，评估其是否有多样化的教学资源可供选择和使用。 2.5.2.1 检查教学课件和实验指导的内容和设计，评估其是否清晰、准确、易于理解，并能够有效地支持教学目标的达成。 2.5.2.2 观看教学视频，评估视频的制作质量和内容呈现方式是否能够生动、直观地传达知识和技能。 2.5.3.1 调查学生对教学资源的获取情况，评估其是否提供了便捷的途径，如在线平台、图书馆资源等，让学生能够随时随地获取所需的教学资源。 2.5.3.2 检查教学资源的版权情况，评估其是否符合相关法律法规，学生是否能够合法地获取和使用教学资源

续表

要素	一级指标	二级指标	三级指标	方法
内部要素	2 教材与学习资源	2.6 开放性与共享性 评估教材与教学资源的开放性和共享性。教材和教学资源是否具备开放获取或共享的特点，是否为学生和教师的使用和交流提供了便利，是否能够促进教学资源的广泛应用和更新	2.6.1 教材开放性 评估教材是否具备开放获取的特点，是否便于学生和教师的使用。 2.6.2 教学资源共享性 评估教学资源是否具备共享的特点，是否能够促进教学资源的广泛应用和更新。 2.6.3 使用和交流 评估学生和教师对教材和教学资源的使用和交流程度，了解开放性和共享性的实际效果	2.6.1.1 检查教材的版权信息和许可方式，评估其是否采用开放授权或知识共享许可，使教材可以被免费或低成本获取。 2.6.1.2 调查教材是否以电子书或在线资源的形式提供，方便学生随时随地获取教材内容。 2.6.2.1 检查教学资源的共享平台或资源库，评估其是否提供了方便的共享机制，使教师可以分享和交流教学资源。 2.6.2.2 调查教师之间或学校之间是否存在教学资源的共享和合作，评估其是否鼓励和支持教师间的资源共享和协作。 2.6.3.1 对学生和教师进行访谈或调研，收集他们对教材和教学资源开放性和共享性的感受和体验，了解资源使用的情况和交流的程度。 2.6.3.2 观察教师是否积极参与教学资源的更新和共享，评估教学资源的更新频率和共享程度

续表

要素	一级指标	二级指标	三级指标	方法
内部要素	2 教材与学习资源	2.7 学生反馈与评估 评估学生对教材和教学资源的反馈和评估。学生的反馈是否能够帮助改进教材和教学资源的质量和适应性，确保其符合学生的学习需求和期望	2.7.1 学生反馈收集工具 评估学生反馈的收集工具是否有效，是否能够全面收集学生对教材和教学资源的意见和建议。 2.7.2 学生反馈分析 评估对学生反馈进行分析和评估的方法和过程，以获取有关教材和教学资源的实际效果和改进方向。 2.7.3 教材和教学资源改进 评估学生反馈对教材和教学资源改进的影响和效果，确保其符合学生的学习需求和期望	2.7.1.1 检查学生反馈的收集方式，如问卷调查、小组讨论、个别面谈等，评估其是否能够收集到全面和具体的学生反馈。 2.7.1.2 检查学生反馈收集工具的设计和问题设置，评估其是否能够引导学生提供有价值的反馈和评估信息。 2.7.2.1 分析学生反馈的数据，如问卷调查结果、讨论记录等，了解学生对教材和教学资源的满意度、需求和建议。 2.7.2.2 进行定性分析，对学生反馈的关键问题和主题进行归纳和总结，以获取对教材和教学资源的深入理解。 2.7.3.1 检查教材和教学资源的改进措施，评估是否根据学生反馈进行了相应的修改和更新。 2.7.3.2 进行追踪调查或再次收集学生反馈，评估改进后的教材和教学资源是否得到学生的认可

续表

要素	一级指标	二级指标	三级指标	方法
内部要素	3 课程体系	3.1 专业核心课程设置 评估专业核心课程的合理性和完整性，是否能够全面覆盖军工数字化领域的基础理论和实践知识。包括课程的内容、学时安排、教学目标等方面	3.1.1 课程内容评估：评估专业核心课程的内容是否合理，是否能够全面覆盖军工数字化领域的基础理论和实践知识。 3.1.2 学时安排评估：评估专业核心课程的学时安排是否合理，是否能够充分涵盖所要传授的知识和技能。 3.1.3 教学目标评估：评估专业核心课程的教学目标是否明确，是否能够达到培养学生所需的知识、技能和能力	3.1.1.1 课程大纲分析：对专业核心课程的课程大纲进行分析，评估课程所涵盖的知识点和内容是否与军工数字化领域的基础理论和实践知识相符合。 3.1.1.2 课程内容专家评审：邀请相关领域的专家对专业核心课程的内容进行评审，确保其与军工数字化领域的要求相匹配。 3.1.2.1 学时分配比例分析：对各个专业核心课程的学时分配进行分析，评估其是否能够合理分配学时以保证重点知识的学习和实践。 3.1.2.2 课程实施反馈：在课程实施过程中，收集学生和教师的反馈意见，了解学生对学时安排的感受和建议，以便对课程进行调整和优化。 3.1.3.1 教学目标分析：对专业核心课程的教学目标进行分析，评估目标是否与军工数字化领域的基础理论和实践需求相匹配。 3.1.3.2 学生评价调查：通过学生评价调查问卷或访谈，了解学生对课程教学目标的理解和感受，评估目标的有效性和达成程度

续表

要素	一级指标	二级指标	三级指标	方法
内部要素	3 课程体系	3.2 课程的更新与前沿性 评估课程是否与军工数字化领域的最新发展保持同步，及时更新教材和教学内容。包括教材的更新频率、教师的专业素养、教学资源的实时性等方面	3.2.1 教材更新 评估教材是否与军工数字化领域的最新发展保持同步，并及时进行更新。 3.2.2 教师专业素养 评估教师在军工数字化领域的专业素养和更新意识，以确保他们能够传授最新的知识。 3.2.3 教学资源实时性 评估教学资源的实时性，包括案例、实验设备、软件等方面的更新与应用	3.2.1.1 教材更新记录：记录教材的更新历史，评估教材的更新频率和及时性，确保教材内容与军工数字化领域的最新发展保持一致。 3.2.1.2 教材内容分析：对教材的具体内容进行分析，评估教材所涵盖的知识点和实例是否涵盖了军工数字化领域的前沿理论和实践。 3.2.2.1 教师培训和进修记录：记录教师参加相关培训和进修的情况，评估教师是否积极更新自己的专业知识和技能。 3.2.2.2 教师评估调查：通过学生评价调查问卷或同行评估，了解教师在军工数字化领域的专业素养和对最新发展的了解程度。 3.2.3.1 教学资源更新计划：制定教学资源的更新计划，确保教学资源与军工数字化领域的最新发展保持同步。 3.2.3.2 教学资源反馈收集：通过学生反馈和教师观察，收集教学资源的使用情况和效果，评估教学资源的实时性和有效性

续表

要素	一级指标	二级指标	三级指标	方法
内部要素	3 课程体系	3.3 实践和项目课程设置 评估实践和项目课程在课程体系中的设置情况。包括实践课程和项目课程的数量、比例、内容设计等。评估这些课程是否能够帮助学生将理论知识应用到实际项目中，提升实践能力和综合素质	3.3.1 课程数量和比例 评估实践和项目课程在课程体系中的数量和比例，以确保其在整个专业核心课程体系中的适当设置。 3.3.2 课程内容设计 评估实践和项目课程的内容设计，确保其能够帮助学生将理论知识应用到实际项目中，提升实践能力和综合素质。 3.3.3 学生反馈和就业情况 通过学生反馈和就业情况的观察，评估实践和项目课程对学生实践能力和综合素质提升的效果	3.3.1.1 课程统计和比例分析：对实践和项目课程的数量进行统计和分析，评估其在整个课程体系中所占比例是否合理和适度。 3.3.1.2 与同类高职院校比较：与同类高职院校的军工数字化专业群进行比较，了解其实践和项目课程的数量和比例，以作为参考和对比。 3.3.2.1 课程大纲分析：对实践和项目课程的课程大纲进行分析，评估课程所涵盖的实践内容和项目设计是否与军工数字化领域的实际需求相匹配。 3.3.2.2 学生作品评估：评估学生在实践和项目课程中的作品和成果，了解课程是否能够帮助学生将理论知识应用到实际项目中，并提升其实践能力和综合素质。 3.3.3.1 学生反馈调查：通过调查问卷或访谈，了解学生对实践和项目课程的感受和评价，评估课程对其实践能力和综合素质的影响。 3.3.3.2 就业情况观察：观察学生就业情况，分析就业单位对学生实践能力和综合素质的要求和评价，评估实践和项目课程对学生就业竞争力的提升效果

续表

要素	一级指标	二级指标	三级指标	方法
内部要素	3 课程体系	3.4 课程的难易程度和深度 评估课程的难易程度和深度是否符合学生的学习水平和发展需求。课程是否能够循序渐进地提升学生的知识和技能，并具备一定的挑战性和拓展性	3.4.1 学生学习水平匹配 评估课程的难易程度是否符合学生的学习水平和发展需求。 3.4.2 课程知识和技能层次 评估课程是否能够循序渐进地提升学生的知识和技能，并具备一定的挑战性和拓展性。 3.4.3 学生反馈和成绩 通过学生反馈和成绩评估，了解学生对课程的难易程度和深度的感受	3.4.1.1 入学成绩和学生背景分析：分析学生的入学成绩和学术背景，了解学生的学习能力和基础知识水平，以评估课程的难易程度是否匹配学生的学习水平。 3.4.1.2 学生学习能力测试：进行学生学习能力测试，如课程前测、课程中测、课程后测等，评估学生对课程的理解和掌握程度，以确定课程的难易程度是否适合学生。 3.4.2.1 课程内容分析：对课程的内容进行分析，评估课程所覆盖的知识点和技能要求是否按照递进的方式设计，以确定课程的内容是否能够逐步提升学生的学习深度和技能水平。 3.4.2.2 课程作业和项目评估：评估课程作业和项目的要求和难度，了解学生在课程中所面临的挑战和拓展机会，以确定课程的深度是否适合学生的学习和发展需求。 3.4.3.1 学生反馈调查：通过学生评价调查问卷或访谈，了解学生对课程难易程度和深度的评价，评估课程对其学习和发展的帮助程度。 3.4.3.2 学生成绩分析：分析学生的课程成绩分布和趋势，评估课程的难易程度和深度是否能够反映学生的学习表现和能力提升

续表

要素	一级指标	二级指标	三级指标	方法
内部要素	3 课程体系	3.5 跨学科课程设置 评估是否设置了跨学科课程，其是否能够帮助学生培养综合素质和拓宽视野。跨学科课程是否涉及与军工数字化相关的领域，如人工智能、数据科学、电子工程等	3.5.1 跨学科课程数量和比例 评估是否设置了跨学科课程，并分析其在整个课程体系中的数量和比例。 3.5.2 跨学科课程内容设计 评估跨学科课程的内容设计，确保其与军工数字化相关的领域有关，如人工智能、数据科学、电子工程等，并能够帮助学生培养综合素质和拓宽视野。 3.5.3 学生反馈和成果 通过学生反馈和成果评估，了解学生对跨学科课程的感受和表现，以评估课程对学生综合素质和视野拓宽的影响	3.5.1.1 课程统计和比例分析：对跨学科课程的数量进行统计和分析，评估其在整个课程体系中所占比例是否合理 3.5.1.2 与同类高职院校比较：与同类高职院校的军工数字化专业群进行比较，了解其跨学科课程的数量和比例，以作为参考和对比。 3.5.2.1 课程大纲分析：对跨学科课程的课程大纲进行分析，评估课程所涵盖的领域和内容是否与军工数字化相关，是否能够拓宽学生的视野。 3.5.2.2 跨学科项目评估：评估跨学科课程中的项目设计，了解项目是否涉及与军工数字化相关的领域，以培养学生的综合素质和跨学科能力。 3.5.3.1 学生反馈调查：通过学生评价调查问卷或访谈，了解学生对跨学科课程的评价和收获，评估课程对其综合素质和视野拓宽的影响。 3.5.3.2 学生作品和成果评估：评估学生在跨学科课程中的作品和成果，了解课程是否能够帮助学生培养跨学科能力和拓宽视野

续表

要素	一级指标	二级指标	三级指标	方法
内部要素	3 课程体系	3.6 教学方法与手段 评估教学方法与手段是否多样化、灵活性强，是否能够满足学生的不同学习需求。包括课堂教学、实验操作、案例分析、项目实践、在线学习等方式的应用	3.6.1 教学方法多样性 评估教学方法是否多样化，是否能够运用不同的教学方法满足学生的不同学习需求。 3.6.2 教学手段灵活性 评估教学手段的灵活性，是否能够根据不同情况和学生需求进行调整和应用。 3.6.3 学习体验和成果 通过学生学习体验和成果评估，了解教学方法与手段对学生学习效果的影响	3.6.1.1 教学方法统计和分析：对教学方法的使用进行统计和分析，评估是否采用了多种教学方法，如讲授、讨论、小组合作、实践操作等，以满足学生的不同学习需求。 3.6.1.2 教师教学方法调查：进行教师教学方法调查问卷或访谈，了解教师在课堂教学中所采用的教学方法，评估其是否具有多样性。 3.6.2.1 教学资源分析：分析教学所使用的资源，如教材、课件、实验设备等，评估其灵活性和可调整性，能否满足不同学习需求。 3.6.2.2 学生反馈调查：通过学生评价调查问卷或访谈，了解学生对教学手段的感受和评价，评估教学手段是否能够灵活应用以满足学生的不同学习需求。 3.6.3.1 学生学习体验调查：通过学生评价调查问卷或访谈，了解学生对不同教学方法和手段的学习体验和感受，评估其对学习效果的影响。 3.6.3.2 学生学术成果评估：评估学生在不同教学方法和手段下的学术成果，如课堂参与度、实验报告、项目作品等，以评估教学方法与手段对学生学习的效果

续表

要素	一级指标	二级指标	三级指标	方法
内部要素	3 课程体系	3.7 教师队伍的素质与能力 评估教师队伍的素质和能力，包括教师的学术背景、工作经验、教学能力和教学方法的创新性等方面。评估教师是否具备与军工数字化专业相关的实践经验和行业背景	3.7.1 教师学术背景 评估教师的学术背景，包括教师的学历、专业领域、研究方向等，以确定其是否具备与军工数字化专业相关的学术知识和背景。 3.7.2 教师工作经验 评估教师的工作经验，包括教学经验、实践经验和行业背景等，以确保教师具备相关领域的实践能力和行业洞察力。 3.7.3 教师教学能力和创新性 评估教师的教学能力和教学方法的创新性，以确保其能够有效地传授军工数字化专业相关的知识和技能	3.7.3.1 教师学历和专业领域统计：统计教师的学历和专业领域，评估教师是否具备与军工数字化专业相关的学术背景。 3.7.3.2 教师研究成果分析：分析教师的研究成果，如发表的论文、参与的科研项目等，评估教师在军工数字化专业领域的学术贡献和能力。 3.7.2.1 教师工作经历调查：调查教师的工作经历，了解其是否具备与军工数字化专业相关的实践经验和行业背景。 3.7.2.2 教师实践项目评估：评估教师参与或指导的实践项目，如工程项目、实验室研究等，以评估其实践能力和对军工数字化专业的贡献。 3.7.3.1 学生评价调查：通过学生评价调查问卷或访谈，了解学生对教师的教学能力和创新性的评价，以评估教师在教学方面的表现。 3.7.3.2 教师教学方法研究评估：评估教师在教学方法上的研究成果和创新实践，如教学论文、教学项目等，以评估其在教学方法创新方面的能力

续表

要素	一级指标	二级指标	三级指标	方法
内部要素	3 课程体系	3.8 课程评估与反馈机制 评估课程评估与反馈机制的健全性和有效性。包括学生对课程的评价、教师对学生学习情况的评估、教学改进的反馈机制等方面	3.8.1 学生对课程的评价 评估学生对课程的评价，了解他们对课程内容、教学方法和学习体验的看法和反馈。 3.8.2 教师对学生学习情况的评价 评估教师对学生学习情况的评价机制，了解教师对学生学习进展和成绩的评价方式和准确性。 3.8.3 教学改进的反馈机制 评估教学改进的反馈机制，包括教师对学生反馈的采纳程度和反馈结果的应用程度	3.8.1.1 学生评价调查问卷：设计学生评价调查问卷，收集学生对课程的满意度、难易程度、教学资源的使用等方面的反馈意见。 3.8.1.2 学生焦点小组讨论：组织学生焦点小组讨论，邀请学生就课程的优点、改进意见等进行深入讨论和反馈。 3.8.2.1 作业和考试评分分析：对教师的作业和考试评分进行分析，评估评价方式是否公正、准确，是否能够准确反映学生的学习情况。 3.8.2.2 教师评价方法调查：进行教师评价方法调研，了解教师对学生学习情况的评价方式，评估其准确性和有效性。 3.8.3.1 教学改进实施分析：分析教师在课程改进中采纳学生反馈的程度，评估教学改进措施是否与学生反馈相匹配并得到有效应用。 3.8.3.2 教学改进成效评估：评估教学改进措施的成效，如学生满意度、学习成绩的提升等，以评估教学改进反馈机制的有效性

续表

要素	一级指标	二级指标	三级指标	方法
内部要素	4 师资队伍	4.1 学历与专业背景 评估教师队伍的学历水平和专业背景，确保教师具备相关领域的学术知识和专业素养。评估教师是否具备与军工数字化专业相关的学士、硕士或博士学位，并具备深入的专业知识	4.1.1 学历水平 评估教师队伍的学历水平，包括学士、硕士或博士学位的取得情况，并考察其所学专业与军工数字化专业的相关性。 4.1.2 专业背景 评估教师队伍的专业背景，包括所学专业与军工数字化专业的相关性、专业知识的深度和广度等方面	4.1.1.1 教师学历统计分析：统计教师队伍中不同学历水平的教师比例，如学士、硕士和博士，以了解教师学历结构的情况。 4.1.1.2 学历核查：核查教师的学历证书和学位证书，确保其学历的真实性和有效性。 4.1.2.1 教师专业领域调查：调查教师的专业领域，了解其所学专业是否与军工数字化专业相关，并评估其专业背景的匹配程度。 4.1.2.2 专业知识测试：进行专业知识测试或面试，考察教师在军工数字化专业领域的专业知识深度和广度
		4.2 实践经验和行业背景 评估教师队伍是否具备丰富的实践经验和行业背景，特别是在军工数字化领域的实际工作经历。教师是否能够通过实际案例和经验分享，增强学生对行业的理解和应用能力	4.2.1 实践经验 评估教师队伍的实践经验，包括他们在相关领域的实际工作经历、参与的项目或实践活动等。 4.2.2 行业背景 评估教师队伍的行业背景，包括他们对军工数字化领域的了解、对行业发展趋势的把握以及与行业相关的专业知识	4.2.1.1 教师个人简历分析：分析教师的个人简历，关注其在军工数字化领域的实际工作经历、职务以及参与的实践项目。 4.2.1.2 实践经验考察：通过面试或访谈的方式，了解教师在军工数字化领域的实践经验，探讨其实际工作中遇到的问题和解决方案。 4.2.2.1 行业经验调研：进行行业经验调研，了解教师对军工数字化领域的行业背景和了解程度，包括参观企业、参加行业会议等方式获取行业洞察。

续表

要素	一级指标	二级指标	三级指标	方法
内部要素	4 师资队伍			4.2.2.2 行业背景验证：核实教师是否持有相关行业认证证书或参与行业培训项目，以评估其对军工数字化领域行业背景的了解程度
		4.3 教学能力与方法 评估教师的教学能力和方法，包括课堂教学、教学设计、教学组织、学生互动等方面。教师是否具备清晰的教学逻辑，能够灵活运用多种教学方法和教学技术，激发学生的学习兴趣和积极性	4.3.1 课堂观察 观察教师的课堂教学情况，评估其教学能力和方法的实际应用情况。 4.3.2 教学设计 评估教师的教学设计，包括教学目标的设定、教学内容的组织和教学资源的选用等。 4.3.3 教学反馈 评估教师的教学反馈能力，包括对学生学习情况的观察和评价，以及对学生问题的解答和指导	4.3.1.1 教学演示观察：对教师进行教学演示观察，评估其在课堂上的教学表现，包括教学内容的组织、讲解的清晰度、教学方法的多样性等。 4.3.1.2 学生互动观察：观察教师与学生之间的互动情况，评估教师是否能够积极引导学生参与讨论和提问，并及时给予个别指导和反馈。 4.3.2.1 教学设计分析：分析教师的教学设计方案，评估其对教学内容的合理组织和教学活动的设计是否能够达到预期的教学目标。 4.3.2.2 教学资源评估：评估教师选用的教学资源，包括教材、多媒体资料、实践案例等是否能够支持学生的学习和帮助他们理解和应用知识。 4.3.3.1 学生评价调查：进行学生评价调查，了解学生对教师教学能力和方法的看法和反馈，包括课堂教学效果、教学方法的吸引力等方面。

续表

要素	一级指标	二级指标	三级指标	方法
内部要素	4 师资队伍			4.3.3.2 教师反思记录：教师进行教学反思，记录自己在教学过程中的得失和改进措施，并根据学生反馈进行调整
		4.4 课程开发与更新 评估教师队伍是否积极参与课程开发和更新，保持与军工数字化领域最新发展的同步。包括教师是否能够结合行业需求和前沿技术，及时更新课程内容和教学资源	4.4.1 课程开发参与度 评估教师队伍在课程开发中的积极参与度，包括其对新课程的设计和制定的程度。 4.4.2 课程更新频率 评估教师队伍对课程进行更新的频率和及时性，以确保课程内容与军工数字化领域最新发展同步。 4.4.3 行业前沿融入 评估教师队伍是否能够结合行业需求和前沿技术，将最新的军工数字化领域发展趋势融入课程内容和教学资源	4.4.1.1 课程开发记录分析：分析教师在课程开发过程中的参与情况，包括参与的课程开发项目数量、担任的课程组长或主要负责人角色等。 4.4.1.2 课程开发成果验证：查看教师参与的课程开发成果，如教材编写、教学大纲设计、实验项目的开发等，以评估其在课程开发方面的贡献。 4.4.2.1 课程更新计划分析：分析教师制定的课程更新计划，包括更新周期、更新内容等，以评估其对课程更新的规划和执行情况。 4.4.2.2 课程更新记录查看：查看教师进行课程更新的记录，如更新的教学资源、引入的新案例或实践项目等，以验证课程更新的实际情况。 4.4.3.1 教学资源调研：教师进行教学资源调研，了解行业前沿技术的发展情况和应用案例，以评估其对行业前沿的了解程度。

续表

要素	一级指标	二级指标	三级指标	方法
内部要素	4 师资队伍			4.4.3.2 课程更新展示：教师展示课程更新中引入的行业前沿内容，如引用最新的研究论文、相关行业报告等，以验证其将最新发展融入课程的能力
		4.5 学生指导与关怀 评估教师对学生的指导和关怀程度。教师是否积极参与学生的学习和发展，是否提供个性化的指导和支持，帮助学生解决学业和职业发展中的问题	4.5.1 学生指导参与度 评估教师对学生的指导和支持程度，包括提供个性化指导、参与学生学习和发展的活动等。 4.5.2 个性化指导 评估教师提供个性化指导的能力，包括针对学生的不同需求和问题给予个别指导和支持。 4.5.3 学生关怀 评估教师对学生的关怀程度，包括关注学生的学习情况、生活状况和心理健康等方面	4.5.1.1 指导记录分析：分析教师在学生指导过程中的记录，包括参与的学生辅导会谈、个别指导等情况，以评估其对学生指导的参与程度。 4.5.1.2 指导活动观察：观察教师组织的学生指导活动，如学术辅导班、职业规划讲座等，以评估其对学生发展的支持和关怀程度。 4.5.2.1 学生反馈调查：进行学生反馈调查，了解学生对教师个性化指导的满意度和效果，包括教师对学生问题的解答、学业规划的指导等方面。 4.5.2.2 个别指导案例分析：分析教师给予学生个别指导的案例，评估其在解决学生学业和职业发展问题上的能力。 4.5.3.1 学生关怀记录查看：查看教师对学生关怀的记录，如关注学生的个人困难、提供情绪支持等情况，以评估其对学生关怀的实际行动。 4.5.3.2 心理健康支持评估：评估教师在学生心理健康方面的支持，包括了解教师是否提供心理咨询资源、组织心理健康讲座等活动

续表

要素	一级指标	二级指标	三级指标	方法
内部要素	4 师资队伍	4.6 师资培养与发展 评估学校是否提供师资培养和发展机制，支持教师的专业成长和教学能力的提升。包括教师培训计划、学术交流机会、参与教学研讨会和行业研讨会等	4.6.1 师资培训计划 评估学校是否提供师资培训计划，以支持教师的专业成长和教学能力的提升。 4.6.2 学术交流机会 评估学校是否提供学术交流机会，让教师参与学术讨论和与同行交流，促进其专业成长和知识更新。 4.6.3 教学研讨会和行业研讨会参与 评估教师参与教学研讨会和行业研讨会的情况，以促进其教学能力和专业知识的提升	4.6.1.1 培训计划内容分析：分析学校提供的师资培训计划内容，包括培训主题、培训形式、培训周期等，以评估其与教师发展需求的匹配程度。 4.6.1.2 培训参与率调查：调查教师参与师资培训计划的情况，包括参与培训的教师比例、培训参与频率等，以评估学校提供的培训机会的有效性和教师的参与度。 4.6.2.1 学术交流活动观察：观察学校组织的学术交流活动，如学术研讨会、讲座等，以评估学校提供的学术交流机会的数量和质量。 4.6.2.2 教师参与学术会议记录：查看教师参与学术会议的记录，包括发表论文、参与演讲等，以评估学校对教师学术交流的支持程度。 4.6.3.1 参与记录查看：查看教师参与教学研讨会和行业研讨会的记录，包括参与的次数、参与的议题等，以评估教师参与的广度和深度。 4.6.3.2 教学改进方案分析：分析教师在教学研讨会和行业研讨会中提出的教学改进方案，以评估教师从参与中获得的教学能力提升和专业发展的成果

续表

要素	一级指标	二级指标	三级指标	方法
内部要素	4 师资队伍	4.7 教师评价与反馈 评估学生对教师的评价和反馈，了解教师的教学效果和学生满意度。评估学生的评价和反馈是否可以作为改进教学的重要参考，以促进教师教学水平的持续改进和提升	4.7.1. 学生评价调查：进行学生评价调查，收集学生对教师的评价和反馈，以了解他们对教师的教学效果和教学方法的看法。 4.7.2. 课堂观察和评估：通过观察教师的课堂教学，评估教师的教学效果和学生参与度，以获取对教师的评价和反馈。 4.7.3. 学生成绩和学业发展评估：评估学生的学业成绩和学业发展情况，并将其作为教师教学效果的参考指标	4.7.1.1 问卷调查：设计针对教师教学效果和学生满意度的问卷调查，包括评价教师的教学能力、教学内容的清晰度、互动与参与程度等方面。 4.7.1.2 口头反馈讨论：组织小组讨论或开展焦点小组访谈，让学生直接表达对教师的评价和反馈意见。 4.7.2.1 课堂观察记录：观察教师的课堂教学过程，记录教学方法、教学内容的呈现方式、学生参与度等方面的情况，并进行评估和分析。 4.7.2.2 学生参与度评估：评估学生在课堂中的参与度和积极性，以了解教师的教学效果和对学生的激发程度。 4.7.3.1 学生成绩分析：分析学生的考试成绩和作业成绩，以评估教师的教学效果和对学生学习的影响。 4.7.3.2 学业发展跟踪：跟踪学生在课程学习后的进展和发展，包括学术成果、职业发展等方面，以了解教师对学生的影响和指导效果

续表

要素	一级指标	二级指标	三级指标	方法
外部因素	5 人才规格	5.1 知识与技能水平 评估学生对军工数字化领域的相关知识和技能，包括对军工数字化系统原理、设计方法、软硬件开发、工程实践等方面的理解和掌握程度	5.1.1 知识考核 通过考核学生对军工数字化领域相关知识的掌握程度来评估他们的知识水平。 5.1.2 技能展示 通过学生展示相关技能来评估他们在军工数字化领域的技能水平。 5.1.3 综合评估 综合考虑学生的知识和技能水平，评估他们在军工数字化领域的综合能力	5.1.1.1 设计知识考试：组织考试，测试学生对军工数字化系统原理、设计方法等方面的理解和应用能力。 5.1.1.2 军工数字化案例分析：提供真实或模拟的军工数字化案例，要求学生分析和解决相关问题，评估他们对相关知识的应用能力。 5.1.2.1 实验室实践表现：观察学生在实验室环境中的实践操作，评估他们在软硬件开发、工程实践等方面的技能水平。 5.1.2.2 项目作品评估：要求学生完成军工数字化项目作品，评估他们在项目规划、设计、实施和展示等方面的技能水平。 5.1.3.1 汇报演讲评估：要求学生撰写或进行技术相关工作的汇报和演讲，评估他们在技术知识、技术应用和表达能力方面的综合水平。 5.1.3.2 实习或实训评价：指导教师评估学生在实践中的综合表现，包括知识运用、问题解决能力和团队合作等方面

续表

要素	一级指标	二级指标	三级指标	方法
外部因素	5 人才规格	5.2 实践能力 评估学生在实际项目中应用知识和技能的能力，包括学生参与实践项目的经历和成果，实验操作能力、系统仿真与调试能力等	5.2.1 项目经历 评估学生在实际项目中的参与经历和成果，以了解他们在实践中应用知识和技能的能力。 5.2.2 实验操作能力 评估学生在实验室环境中进行实验操作的能力，以及对实验设备和工具的熟练程度。 5.2.3 系统仿真与调试能力 评估学生在系统仿真和调试方面的能力，包括软硬件系统的配置、调试和故障排除等	5.2.1.1 学生项目报告：要求学生撰写关于他们参与的实践项目的报告，评估他们对项目目标、方案设计、实施过程和成果总结的理解和表达能力。 5.2.1.2 实践项目评价：由指导教师或项目负责人对学生在实践项目中的贡献和表现进行评估，包括工作态度、问题解决能力和团队合作能力等方面。 5.2.2.1 实验操作考核：组织实验操作考核，评估学生在实验室中进行操作的准确性、规范性和安全性。 5.2.2.2 实验报告评估：要求学生完成实验报告，评估他们对实验目的、方法和结果的理解和分析能力。 5.2.3.1 系统仿真项目评估：要求学生进行系统仿真项目，并对仿真结果进行评估，以评估他们在系统仿真方面的能力。 5.2.3.2 系统调试能力评估：组织实际系统调试任务，评估学生在系统配置、调试和故障排除方面的能力

续表

要素	一级指标	二级指标	三级指标	方法
外部因素	5 人才规格	5.3 创新能力 评估学生在军工数字化领域的创新能力和创造性思维，包括学生提出的创新解决方案、独立思考和问题解决能力等	5.3.1 创新解决方案 评估学生在军工数字化领域提出的创新解决方案，以了解他们的创新能力和创造性思维。 5.3.2 独立思考能力 评估学生在独立思考和问题解决能力方面的表现，以了解他们的创新能力。 5.3.3 创新项目成果 评估学生在创新项目中的成果和表现，以了解他们的创新能力和创造性思维	5.3.1.1 创新项目评估：要求学生提出创新项目，评估其创新性、可行性和实施计划等方面。 5.3.1.2 创新设计评审：组织创新设计评审会议，邀请专家评估学生的创新设计方案，包括创意性、技术可行性和实际应用潜力等方面。 5.3.2.1 开放问题解答：提供开放性问题，要求学生进行独立思考和解答，评估他们的问题分析、逻辑推理和创新思维能力。 5.3.2.2 案例分析评估：提供军工数字化领域的案例，要求学生进行独立的案例分析和提出解决方案评估他们的创新性和解决问题的能力。 5.3.3.1 创新项目展示评估：要求学生展示他们在创新项目中的成果和创新思路，评估其创新性、实施效果和实际应用价值等方面。 5.3.3.2 创新成果评估：评估学生在创新项目中的具体成果，如设计文档、原型、演示视频等，以了解他们的创新能力和实际实施能力

续表

要素	一级指标	二级指标	三级指标	方法
外部因素	5 人才规格	5.4 团队合作能力 评估学生在团队合作中的角色扮演和协作能力，包括学生在团队项目中的贡献、沟通与协调能力，团队合作精神等	5.4.1 团队项目贡献 评估学生在团队项目中的贡献程度，以了解他们在团队合作中的角色扮演和协作能力。 5.4.2. 沟通与协调能力 评估学生在团队合作中的沟通和协调能力，包括与团队成员有效沟通、解决冲突和协调工作等方面。 5.4.3 团队合作精神 评估学生在团队合作中展现的团队合作精神和积极态度	5.4.1.1 团队评估调查：通过团队成员和指导教师的评估调查，评估学生在团队项目中的贡献和表现，包括工作分配、任务完成和团队协作等方面。 5.4.1.2 个人贡献报告：要求学生撰写个人贡献报告，说明他们在团队项目中扮演的角色、贡献的内容和对团队合作的体验等。 5.4.2.1 团队会议观察：观察学生在团队会议中的沟通和协调行为，评估他们的沟通效果、解决问题的能力和协调团队的能力。 5.4.2.2 沟通与协调能力测试：组织针对沟通与协调能力的测试，如模拟团队场景，评估学生的沟通技巧、决策能力和团队合作精神等。 5.4.3.1 团队成员互评：要求团队成员对彼此的团队合作精神进行评价，评估学生的合作意识、支持他人和积极参与团队活动的能力。 5.4.3.2 教师观察评估：指导教师观察学生在团队合作中的表现，评估他们的合作精神、责任心和团队意识等

续表

要素	一级指标	二级指标	三级指标	方法
外部因素	5 人才规格	5.5 问题解决能力 评估学生解决实际问题的能力，包括学生分析问题、提出解决方案、实施方案并评估效果的能力	5.5.1 问题分析能力 评估学生在问题分析方面的能力，包括学生对实际问题进行准确分析和全面理解的能力。 5.5.2 解决方案提出能力 评估学生提出解决方案的能力，包括学生能够创造性地提出可行解决方案的能力。 5.5.3 实施方案能力 评估学生在实施解决方案时的能力，包括学生能够有效组织和执行解决方案的能力。 5.5.4 效果评估能力 评估学生对解决方案效果进行评估的能力，包括学生评估解决方案实施后的效果和改进方向的能力	5.5.1.1 案例分析：提供实际案例，要求学生对问题进行分析，确定根本原因、相关因素和关键挑战等。 5.5.1.2 问题诊断任务：给定一个问题情景，要求学生进行问题诊断，通过收集信息、分析数据和进行推理，确定问题的核心要素和解决方向等。 5.5.2.1 解决方案设计：要求学生设计解决方案，包括技术方案、流程设计、资源规划等，评估其创新性、可行性和适应性等方面。 5.5.2.2 创意思维任务：给定一个问题，要求学生提出创新的解决方案，鼓励他们运用创意思维和非传统方法思考问题。 5.5.3.1 项目管理评估：评估学生在实施解决方案时的项目管理能力，包括任务分配、进度控制、资源协调等方面。 5.5.3.2 实践项目评估：要求学生实施解决方案，并评估其实际效果和成果，包括项目完成度、质量控制和目标达成等方面。 5.5.4.1 解决方案评估报告：要求学生撰写解决方案评估报告，分析解决方案的实施效果和改进建议，包括成本效益、持续性和可扩展性等方面。 5.5.4.2 反馈收集与分析：组织学生对解决方案进行反馈收集和分析，了解解决方案的实际应用情况和用户满意度等

续表

要素	一级指标	二级指标	三级指标	方法
外部因素	5 人才规格	5.6 品德与责任感 评估学生的品德素养和责任感，包括学生的职业道德、团队合作精神、遵守法律和伦理规范等方面	5.6.1 职业道德 评估学生在职业道德方面的表现，包括学生的诚信、敬业精神、职业操守等。 5.6.2 团队合作精神 评估学生在团队合作中展现的精神和态度，包括学生的合作意识、支持他人和积极参与团队活动等。 5.6.3 法律和伦理规范遵守 评估学生对法律和伦理规范的遵守情况，包括学生对相关法律法规和伦理标准的了解和遵守程度	5.6.1.1 个人陈述：要求学生撰写个人陈述，描述自己对职业道德的理解和实践，包括在学习、工作和社交等方面展现的职业道德行为。 5.6.1.2 职业道德案例讨论：提供职业道德相关的案例，组织学生进行讨论和分析，评估他们对道德问题的认识和处理能力。 5.6.2.1 团队合作评估表：要求团队成员对彼此的团队合作精神进行评价，评估学生的合作能力、沟通协调和团队意识等。 5.6.2.2 团队项目评估：评估学生在团队项目中的协作和贡献，考察他们的合作精神、分工合作和共同目标意识等。 5.6.3.1 伦理决策案例讨论：提供伦理决策案例，要求学生进行讨论和分析，并给出合乎伦理规范的决策方案和理由。 5.6.3.2 法律知识测试：组织法律知识测试，考察学生对相关法律法规的了解和应用能力，评估他们对法律规范的遵守情况

续表

要素	一级指标	二级指标	三级指标	方法
外部因素	5 人才规格	5.7 综合素质 评估学生的综合素质和个人发展，包括学生的学习态度、自主学习能力、终身学习意识、跨学科能力等	5.7.1 学习态度 评估学生在学习中展现的态度和动力，包括学生对学习的态度、积极性和学习目标的设定等。 5.7.2 自主学习能力 评估学生在自主学习方面的能力，包括学生自我规划、自我管理和自主学习的能力。 5.7.3 终身学习意识 评估学生对终身学习的认知和态度，包括学生对终身学习的重要性和持续学习的意愿。 5.7.4 跨学科能力 评估学生在跨学科学习和综合运用知识方面的能力，包括学生能够整合不同学科知识解决问题的能力	5.7.1.1 学习日志：要求学生记录学习日志，反映他们的学习态度和学习过程中的思考、困惑和收获等。 5.7.1.2 学习动机调查问卷：通过调查问卷了解学生对学习的动机和兴趣，评估他们的学习态度和动力水平。 5.7.2.1 自主学习项目：要求学生选择一个自主学习项目，制定学习计划、完成学习任务，并进行自我评估和反思。 5.7.2.2 自主学习能力评估表：评估学生在自主学习过程中的规划能力、自我控制能力和自我评估能力等。 5.7.3.1 终身学习计划：要求学生制定终身学习计划，包括长期学习目标、学习资源的规划和持续学习的策略等。 5.7.3.2 终身学习意识问卷调查：通过问卷调查了解学生对终身学习的认知和态度，评估他们对持续学习的意愿和准备程度。 5.7.4.1 跨学科项目评估：组织学生参与跨学科项目，评估他们在项目中的知识整合和跨学科思维的运用能力。 5.7.4.2 跨学科解决方案设计：要求学生设计解决一个复杂问题的方案，鼓励他们运用跨学科知识和方法进行综合分析和创新设计

续表

要素	一级指标	二级指标	三级指标	方法
外部因素	5 人才规格	5.8 实习与实训成绩 评估学生在实习和实训环节中的实际表现和成绩，包括学生在实际工作场景中的工作能力、实践操作技能等	5.8.1 实习报告 评估学生在实习期间提交的实习报告，包括实习过程的总结、实习项目的完成情况和所获得的经验等。 5.8.2 实训项目 评估学生在实训项目中的实际表现和成绩，包括实践操作技能、工作能力和解决问题的能力等。 5.8.3 实习导师 征求实习导师对学生实习表现的评价，包括学生在实习期间所展现的工作态度、责任感和团队合作精神等	5.8.1.1 实习报告评分表：制定实习报告评分表，评估学生在实习报告中对实习内容的描述、总结和分析的质量，以及对实习经验的反思和归纳能力。 5.8.1.2 实习报告答辩：要求学生进行实习报告答辩，评估他们对实习内容的理解和表达能力，以及对实习过程和成果的深入思考。 5.8.2.1 实训项目评分标准：制定实训项目评分标准，评估学生在实训项目中的操作技能、工作流程的掌握程度和问题解决能力等。 5.8.2.2 实训项目演示评估：要求学生进行实训项目的演示，评估他们在实际操作中的准确性、效率以及与团队合作的能力。 5.8.3.1 实习导师评价表：提供实习导师评价表，让导师对学生的实习表现进行评价，包括对学生在工作能力、实际操作技能和团队合作等方面的评价和意见。 5.8.3.2 实习导师反馈会议：组织实习导师与学生进行反馈会议，讨论学生在实习期间的表现和发展需求，评估学生在实习环节中的实际表现

续表

要素	一级指标	二级指标	三级指标	方法
外部因素	6 实践环境	6.1 实验设备与设施 评估实验室中的设备与设施是否满足军工数字化专业的实践需求，包括设备的先进性、完备性、可用性以及是否能够支持学生进行相关实验和项目开发	6.1.1 设备先进性 评估实验室中的设备是否具有先进的技术和功能，是否满足军工数字化专业的实践需求。 6.1.2 设备完备性 评估实验室中的设备是否齐全，是否能够满足军工数字化专业的实践需求。 6.1.3 设备可用性 评估实验室设备的可用性和运行状况，以确保学生能够顺利地使用这些设备进行实践活动	6.1.1.1 技术更新跟踪：跟踪相关行业的最新技术和设备发展趋势，与实验室中的设备进行比对，评估设备的先进性和与行业的接轨程度。 6.1.1.2 设备性能分析：对实验室设备的技术规格和功能进行分析，评估其是否具备足够的性能和功能，是否能够支持学生进行相关实验和项目开发。 6.1.2.1 设备清单核对：核对实验室设备清单，确保所需的设备种类和数量齐全，能够覆盖专业领域的实践需求。 6.1.2.2 实验项目对应性评估：评估实验室设备是否能够支持相关实验项目的开展，检查设备与实验项目之间的对应关系。 6.1.3.1 设备维护记录查看：查看设备的维护记录，了解设备的维护情况和可用性，包括设备的维护频率、维修记录等。 6.1.3.2 学生反馈收集：收集学生对实验设备的使用体验和反馈意见，包括设备故障率、设备操作的便捷性等方面

续表

要素	一级指标	二级指标	三级指标	方法
外部因素	6 实践环境	6.2 软件平台与工具 评估提供给学生的软件平台和工具是否能够支持军工数字化专业的实践需求，包括相关软件的授权与安装、使用的便捷性和兼容性，以及支持的功能和工具集	6.2.1 软件授权与安装 评估所提供的软件平台是否具有合法的软件授权，并确保软件的正确安装和配置，以支持军工数字化专业的实践需求。 6.2.2 使用便捷性 评估提供给学生的软件平台和工具的使用便捷性，包括软件界面友好程度、操作流程简易度等。 6.2.3 兼容性 评估软件平台和工具的兼容性，确保其能够与其他相关软件和硬件设备进行良好的协作和集成。 6.2.4 功能与工具集支持 评估软件平台和工具是否提供足够的功能和工具集，满足军工数字化专业的实践需求	6.2.1.1 授权合规性检查：核实所提供软件平台的授权情况，确保软件的合法性和正版性。 6.2.1.2 安装和配置检查：检查软件的安装过程和配置要求，评估安装的准确性和配置的完整性。 6.2.2.1 用户体验调查：进行学生的用户体验调查，收集学生对软件平台和工具使用便捷性的评价和反馈。 6.2.2.2 操作流程分析：分析软件平台的操作流程，评估操作的复杂度和学习曲线。 6.2.3.1 系统兼容性测试：测试软件平台在不同操作系统和硬件环境下的兼容性，评估其在不同环境中的稳定性和性能表现。 6.2.3.2 数据格式兼容性检查：检查软件平台是否支持常见的数据格式和文件类型，以确保能够顺利进行数据交换和共享。 6.2.4.1 功能需求分析：分析军工数字化专业的实践需求，与软件平台提供的功能进行对比和评估。 6.2.4.2 工具集调研：调研相关行业的工具集和软件应用，评估软件平台提供的工具集是否满足行业标准和专业需求

续表

要素	一级指标	二级指标	三级指标	方法
外部因素	6 实践环境	6.3 实践项目与实训机会 评估学校是否提供丰富多样的实践项目和实训机会，学生是否能够应用所学知识和技能进行实际操作，包括与军工企业的合作项目、校内外的实习机会、行业竞赛等	6.3.1 实践项目多样性 评估学校提供的实践项目的种类和多样性，包括与军工企业的合作项目、科研项目、校内外的实习机会等。 6.3.2 合作项目与企业合作 评估学校与军工企业开展的合作项目，以提供学生与真实工作环境接触和实践的机会。 6.3.3 实习机会 评估学校提供的校内外实习机会，让学生能够在实际工作环境中应用所学知识和技能。 6.3.4 行业竞赛 评估学校组织或推荐学生参加的行业竞赛，以提供学生展示和应用知识、技能的机会	6.3.1.1 项目种类统计：统计学校提供的各类实践项目的数量和种类，包括与军工企业合作的项目、科研项目、社会实践项目等。 6.3.1.2 项目类型分析：分析不同类型的实践项目，如实验项目、工程项目、模拟项目等，评估项目的多样性和涵盖的技能范围。 6.3.2.1 合作项目调研：调研学校与军工企业的合作项目情况，包括项目的数量、合作方式和实践内容等。 6.3.2.2 学生参与度分析：分析学生参与合作项目的机会和比例，评估学生能有多少实际参与和体验的机会程度。 6.3.3.1 实习机会统计：统计学校提供的各类实习机会的数量和类型，包括校内实习、校外实习、军工企业实习等。 6.3.3.2 实习反馈收集：收集学生在实习过程中的反馈和评价，了解实习机会的质量和学生的实践体验。 6.3.4.1 竞赛参与情况统计：统计学校参加各类行业竞赛的情况，包括竞赛数量、参与学生人数等。 6.3.4.2 竞赛成绩分析：分析学生在竞赛中的成绩和获奖情况，评估学校提供的行业竞赛对学生实践能力培养的影响

续表

要素	一级指标	二级指标	三级指标	方法
外部因素	6 实践环境	6.4 实践导师与指导 评估实践环境中是否有专业的实践导师或指导教师，能够在学生的实践过程中提供指导和支持，包括导师的专业背景、实践经验、指导方案和指导效果等	6.4.1 导师背景 评估实践环境中导师的专业背景、学术资历和相关工作经验，以确保其具备足够的专业知识和实践经验。 6.4.2 指导方案 评估导师提供的实践指导方案，包括实践活动的组织安排、目标设定、时间规划和评估方法等。 6.4.3 指导效果 评估导师在实践指导中的效果，包括学生能力提升、实践成果和学习成果的质量等。 6.4.4 学生满意度调查 进行学生满意度调查，收集学生对实践导师或指导教师的评价和反馈，了解他们对指导过程和效果的认可程度	6.4.1.1 导师资格审查：核查导师的学历、专业背景和相关证书，确保其具备相关领域的专业素养。 6.4.1.2 工作经历考察：了解导师的实践经验和参与过的军工数字化项目，评估其在实践指导方面的能力。 6.4.2.1 指导方案分析：分析导师提供的实践指导方案，评估其合理性、可行性和有效性。 6.4.2.2 学生反馈收集：收集学生对导师提供的指导方案的反馈和评价，了解学生对方案的理解和实施情况。 6.4.3.1 学生成果评估：评估学生在导师指导下的实践成果，如项目成果、报告论文、产品设计等。 6.4.3.2 学生能力评估：评估学生在实践过程中的能力提升情况，如问题解决能力、团队合作能力、创新能力等。 6.4.4.1 问卷调查：设计问卷，了解学生对导师的满意度和评价，包括指导质量、交流沟通、支持度等方面的评价。 6.4.4.2 面对面访谈：进行面对面访谈，深入了解学生对导师指导的体验和感受，收集具体的意见和建议

续表

要素	一级指标	二级指标	三级指标	方法
外部因素	6 实践环境	6.5 实践环境的安全性 评估实践环境的安全性和规范性，包括实验室设备的安全操作要求、安全防护设施的完善程度、实践项目中的风险评估与管理等	6.5.1 实验室设备安全操作要求 评估实验室设备的安全操作要求和规范，以确保学生在实践过程中能够正确、安全地操作设备。 6.5.2 安全防护设施完善程度 评估实践环境中的安全防护设施是否完善，以确保学生在实践过程中充分保护自身安全。 6.5.3 实践项目风险与管理 评估实践项目中的风险与管理措施，以确保学生在实践过程中的安全	6.5.1.1 安全操作手册检查：检查实验室是否提供详细的安全操作手册，包括设备的正确使用方法、操作步骤、危险警示和应急处理等内容。 6.5.1.2 操作培训和考核：评估学校是否对学生进行设备操作培训，并进行相关考核以确保学生掌握正确的操作技能，培养学生的安全意识。 6.5.2.1 设施检查与维护：检查安全防护设施，如消防设备、紧急停电开关、安全警示标识等是否存在，以及是否进行定期维护和检修。 6.5.2.2 紧急救援预案：评估学校是否建立了紧急救援预案，包括事故应急处理流程、联系方式、急救设备等，以应对突发情况。 6.5.3.1 风险评估程序：评估学校是否建立了实践项目风险评估的程序，包括对可能存在的危险和风险进行识别、评估和控制。 6.5.3.2 安全管理措施：评估学校是否采取了相应的安全管理措施，如安全培训、个人防护用品提供、实践过程监督等，以确保学生的安全

续表

要素	一级指标	二级指标	三级指标	方法
外部因素	6 实践环境	6.6 行业合作与合作资源 评估学校是否与军工企业建立了合作关系，并能够提供行业资源支持学生的实践活动，包括行业专家的讲座、企业提供的数据和案例、合作项目的机会等	6.6.1 合作关系建立 评估学校是否与军工企业建立了合作关系，以促进学生实践活动的支持和合作机会。 6.6.2 行业专家讲座 评估学校是否邀请军工行业专家进行讲座，为学生提供行业前沿知识和实践经验。 6.6.3 合作资源支持 评估学校是否能够提供军工行业的资源支持，如数据、案例和合作项目等，以支持学生的实践活动	6.6.1.1 合作协议和合同：评估学校与军工行业签订的合作协议和合同，了解双方的合作范围、目标和规定。 6.6.1.2 合作项目实施情况：了解学校与军工行业合作项目的实施情况，包括合作项目的数量、规模和成果。 6.6.2.1 讲座活动记录：记录学校举办的行业专家讲座活动，包括专家的背景、讲座主题和学生反馈等。 6.6.2.2 学生参与情况统计：统计学生参与行业专家讲座的人数和比例，了解学生对这些讲座的兴趣和参与度。 6.6.3.1 资源获取渠道：了解学校获取军工行业资源的渠道和方式，包括与企业的合作关系以及数据和案例的获取途径。 6.6.3.2 实践活动支持情况：评估学校提供的军工行业资源在学生实践活动中的应用情况，包括数据使用、案例分析和合作项目的机会等

续表

要素	一级指标	二级指标	三级指标	方法
外部因素	6 实践环境	6.7 实践环境的更新与维护 评估学校是否注重实践环境的更新与维护，以保持实践环境的先进性和可用性，包括设备的定期维护、软件的更新升级、实验室的改造与更新等	6.7.1 设备定期维护 评估学校是否进行实践环境设备的定期维护，以确保设备的正常运行和可靠性。 6.7.2 软件更新升级 评估学校是否及时进行实践环境软件的更新和升级，以保持软件的先进性和功能完整性。 6.7.3 实验室改造与更新 评估学校是否进行实验室的改造和更新，以适应新的技术要求和实践需求	6.7.1.1 维护记录和计划：查阅设备维护记录和计划，了解设备维护的频率、内容和执行情况。 6.7.1.2 设备运行状态检查：检查实践环境设备的运行状态，包括设备是否正常工作、有无故障和损坏等。 6.7.2.1 软件版本记录：了解实践环境软件的版本记录，查看是否有新版本的发布和更新情况。 6.7.2.2 软件功能检查：检查实践环境软件的功能是否完整、是否支持最新的技术和工具。 6.7.3.1 实验室设施更新计划：了解学校的实验室设施更新计划，包括更新的内容、时间表和预算等。 6.7.3.2 实验室改造效果检查：参观实验室，检查改造后的设施是否满足实践需求，如空间布局、设备配置和功能设置等

参考文献

[1] 曹琦.复杂自适应系统联合仿真建模理论及应用[M]. 重庆：重庆大学出版社，2012.

[2] 陈剑. 产业集群知识管理与创新研究[M]. 北京：中国经济出版社，2019.

[3] 陈鹏. 共轨与融通：职业教育学术课程与职业课程的整合研究[M]. 北京：中国社会科学出版社，2018.

[4] 陈子季. 增强职业技术教育适应性，开拓高质量发展新格局[J]. 教育家，2021（5）.

[5] 迟俊. 德国职业教育发展与“工业 4. 0”契合的掣肘、举措与启示[J]. 教育与职业，2017（11）.

[6] 邓友超. 教育解释学[M]. 北京：教育科学出版社，2009.

[7] 丁金昌，陈宇. 高职院校“以群建院”的思考与运行机制[J]. 高等工程教育研究，2020（3）.

[8] 杜朝晖. 发达国家传统产业转型升级的经验及启示[J]. 宏观经济管理，2017（6）.

[9] 谷建春，李明华. 对口・适应・超越——论产业结构与高等教育结构的关系[J]. 中国成人教育，2012（21）.

[10] 黄健. 对英美制造业职业教育体系比较与思考[J]. 职业技术教育，2015（34）.

[11] 匡瑛. “双高”背景下高职专业群建设定势突围与思路重构[J]. 高等工程教育研究，2021（3）.

[12] 李磊，刘常青，徐长生. 劳动力技能提升对中国制造业升级的影响：结构升级还是创新升级？[J]. 经济科学，2019（4）.

[13] 李梦卿，余静. 高职院校高水平专业群的组群逻辑[J]. 教育科学，2023(1).

[14] 李闽. 高水平专业群课程开发与课程管理的“职业化”实现路径[J]. 职教论坛，2020，36（12）.

[15] 李洪渠，石俊华，陶济东. 协调共生：增强职业技术教育适应性的认知维度与价值指向[J]. 中国职业技术教育，2021（13）.

[16] 刘晓. 高职学校高水平专业群建设：组群逻辑与行动方略[J]. 中国高教研究，2020（6）.

[17] 刘志民. 教育经济学[M]. 北京：北京大学出版社，2007.

[18] 刘俊心，张其满. 职业教育文化学[M]. 北京：高等教育出版社，2015.

[19] 苗东升. 系统科学精要（第 3 版）[M]. 北京：中国人民大学出版社，2010.

[20] 潘懋元. 潘懋元文集（卷一・高等教育学讲座）[M]. 广州：广东高等教育出版社，2020.

[21] 王亚南，成军. 高职院校高水平专业群建构：内涵意蕴、逻辑及技术路径[J]. 大学教育科学，2020（6）.

[22] 邦威利安，辛格. 先进制造：美国的新创新政策[M]. 沈开艳，等，译. 上海：上海社会科学院出版社，2019.

[23] 薛栋. 智能制造数字化人才分类体系及其标准研究[J]. 江苏高教，2021（3）.

[24] 许朝山，陈叶娣. 职业教育产教对接谱系的原理、方法与实践[M]. 苏州：苏州大学出版社，2022.

[25] 徐国庆. 智能化时代职业教育人才培养模式的根本转型[J]. 教育研究，2016，37（3）.

[26] 姚树洁，刘嶺. 西部科学城建设推动成渝地区双城经济圈高质量发展[J]. 西安财经大学学报，2022（35）.

[27] 袁增华. 人的全面发展与社会全面进步[J]. 理论学习，2001（9）.

[28] 曾天山. “岗课赛证融通”培养高技能人才的实践探索[J]. 中国职业技术教育，2021（8）.

[29] 张海水. 多样性共生视域下的高职院校治理[J]. 职教论坛，2017（16）.

[30] 周东兴，李淑敏. 生态学研究方法及应用[M]. 哈尔滨：黑龙江人民出版社，2009.

[31] 庄西真. 职业教育评价要处理好六个关系[J]. 职教论坛，2021（7）.

[32] 朱德全. 职业教育促进区域经济高质量发展的战略选择[J]. 国家教育行政学院学报，2021（5）.

[33] 朱德全. 职业教育统筹发展论[M]. 北京：科学出版社，2016.

[34] 国务院关于印发国家职业教育改革实施方案的通知[EB/OL].（2019-02-13）[2021-03-20].http://www.gov.cn/zhengce/content/2019-02/13/content_5365341.htm.

[35] 教育部关于职业院校专业人才培养方案制订与实施工作的指导意见[EB/OL].（2019-06-11）[2021-03-20]. http://www.moe.gov.cn/srcsite/A07/moe_953/201906/t20190618_386287.html.

[36] Deloitte Insights. 2018 Deloitte skills gap and future of work in manufacturing study[R]. Deloitte Development LLC，2018.

[37] GALLUP. State of the global workplace: 2023 report[R]. Washington:Gallup World Headquarter，2023.

[38] GHOBAKHLOO M，IRANMANESH M. Digital transformation success under industry 4. 0: a strategic guideline for manufacturing SMEs[J]. Journal of Manufactaring Technology Managemenr，2021，32（8）.

[39] High Value Manufacturing Catapult. Manufacturing the Future Workforce [EB/OL]. [2022-11-12].https://hvm.catapult.org.uk/wp-content/uploads/2022/07/HVM-Catapult-Annual-Review-2020-21-Digital-Version.pdf.

[40] KRACHTT N. The workforce implications of industry 4.0: manufacturing workforce strategies to enable enterprise transformation [D]. The University of Wisconsin-Platteville，2018.

[41] OECD. The future of education and skills: education 2030 [R/OL].（2018）[2023-05-15].http://www.oecd.org/education/2030/OECD%20Education%

202030%20Position%20Paper. pdf.

[42] OECD. Education in the digital age—healthy and happy children.[R/OL].（2020）[2023-03-05]. https://www.oecd-ilibrary.org/education/education-in-the-digital-age_1209166a-en.

[43] TIHINEN M, PIKKARAINEN A, JOUTSENVAARA J.Digital manufacturing challenges education—smartLab concept as a concrete example in tackling these challenges[J]. Future Internet，2021, 13（8）.

[44] PIKKARAINEN A, PIILI H，SALMINEN A. Introducing novel learning outcomes and process selection model for additive manufacturing education in engineering[J]. European Journal of Education Studies. 2021, 8.

[45] ZHONG R Y, XU Xun, KLOTZ E, et al. Intelligent manufacturing in the context of Industry 4.0: a review[J]. Engineering, 2017, 3（5）.